MEIO AMBIENTE & CEMITÉRIOS

FSC
www.fsc.org
MISTO
Papel produzido a partir de fontes responsáveis
FSC® C003494

Este livro foi impresso com papel certificado FSC®

Dados Internacionais de Catalogação na Publicação (CIP)
(Jeane Passos Santana – CRB 8ª/6189)

Pacheco, Alberto

Meio ambiente & cemitérios / Alberto Pacheco. -- São Paulo : Editora Senac São Paulo, 2012. -- (Série Meio Ambiente, 15 / Coordenação José de Ávila Aguiar Coimbra)

ISBN 978-85-396-0256-8

1. Ciências ambientais 2. Meio Ambiente 3. Cemitério (Administração Pública) I. Coimbra, José de Ávila Aguiar. II. Título. III. Série.

12-032s CDD-363.7

Índice para catálogo sistemático:

1. Ciências ambientais : Cemitério 363.7
2. Cemitério (Administração Pública) : Meio Ambiente 353.6

MEIO AMBIENTE & CEMITÉRIOS

ALBERTO PACHECO

COORDENAÇÃO
JOSÉ DE ÁVILA AGUIAR COIMBRA

Editora Senac São Paulo – São Paulo – 2012

Gerente/Publisher: Jeane Passos Santana (jpassos@sp.senac.br)
Coordenação Editorial: Márcia Cavalheiro Rodrigues de Almeida (mcavalhe@sp.senac.br)
Thaís Carvalho Lisboa (thais.clisboa@sp.senac.br)
Comercial: Jeane Passos Santana (jpassos@sp.senac.br)
Administrativo: Luís Américo Tousi Botelho (luis.tbotelho@sp.senac.br)

Edição de Texto: Marília Gessa
Preparação de Texto: Cristiana Ferraz Coimbra
Revisão de Texto: Juliana Muscovick (coord.), Rosa Kushnir, Laila Dawa
Capa: João Baptista da Costa Aguiar
Editoração Eletrônica: Flávio Santana
Impressão e Acabamento: Corprint Gráfica Editora Ltda.

Editora Senac São Paulo
Rua Rui Barbosa, 377 – 1º andar – Bela Vista – CEP 01326-010
Caixa Postal 1120 – CEP 01032-970 – São Paulo – SP
Tel. (11) 2187-4450 – Fax (11) 2187-4486
E-mail: editora@sp.senac.br
Home page: http://www.editorasenacsp.com.br

SUMÁRIO

NOTA DO EDITOR

O Senac São Paulo apresenta mais um importante volume da Série Meio Ambiente: *Meio Ambiente & cemitérios,* de Alberto Pacheco. O tema, aparentemente macabro, é tratado de forma leve e didática, trazendo informações preciosas àqueles interessados em arquitetura, história, saúde pública e ecologia.

Segundo o autor, a ciência não pode e nem deve evitar o estudo de temas tabus, por isso, a relação entre meio ambiente e cemitérios precisa ser conhecida em todas as suas dimensões, principalmente porque o cadáver humano pode ser causa de alterações ambientais e pôr em risco a saúde dos vivos.

Por meio de um texto agradável e que traz muitas curiosidades sobre os cemitérios ao redor do mundo e ao longo do tempo, este livro cumpre a importante função de explanar como os cemitérios – repositórios de cadáveres, laboratórios de decomposição de matéria orgânica – apresentam riscos que devem ser controlados por meio de projetos adequados de implantação e operação.

Curiosamente, as necrópoles tardam a aparecer nas listas das fontes tradicionais de contaminação ambiental, apesar da frequente contaminação da água subterrânea por cemitérios mal implantados e gerenciados. Nesta publicação, o leitor poderá aprender quais as medidas ambientais necessárias para garantir a decomposição normal de corpos, evitar sua conservação e a consequente contaminação do meio ambiente.

APRESENTAÇÃO

Meio Ambiente & cemitérios... O título pode, para muitos, ser surpreendente e, para uns poucos, chocante. Explica-se: para os humanos todos, a morte ainda é uma figura de olhares malévolos e nunca bem recebida. Para se lhe fugir, empreende-se, literalmente, o possível e o impossível. Nessa trilha, o cemitério, destinação última dos finados, é o reino tenebroso da morte, no qual o imaginário popular encontra fortíssimo estoque de assombrações. Antigamente, não se passava pelo caminho do cemitério enquanto perdurava a escuridão noturna. Fantasmas, o lobisomem em noite de lua cheia, almas penadas soluçando, morcegos e vampiros imaginários à procura de sangue. Essas crendices remetem-nos a um plano mais sofisticado, por exemplo, ao poema de Charles

Baudelaire,[1] "Uma carniça", ou ao "Noivado do Sepulcro" do poeta Soares de Passos,[2] ou, em versos mais conhecidos ao sabor da literatura popular brasileira, "Eram duas caveiras que se amavam..." (Alvarenga e Ranchinho, *O romance das caveiras*)

Sempre enfrentamos a morte como numa espécie de jogo de xadrez, a exemplo do filme de Ingmar Bergman.[3] No entanto, a morte, em última análise, é uma ocorrência ecológica, o desfecho natural e necessário do ciclo de vida, inexorável para todos os seres respirantes e até mesmo os anaeróbios. Não é da índole dos seres orgânicos desorganizar-se; por isso, a morte é considerada violência contra os seres vivos, que lhe resistem quanto podem. A despeito de todas as reações físicas, emocionais e culturais, a morte de uns é necessária à vida de outros, e nisso reside uma beleza quase contraditória, como enxerga Wolfgang von Goethe em sua visão científica e, ao mesmo tempo, transcendental da natureza: "A vida é a sua mais primorosa invenção, e a morte, a sua ideia engenhosa para dar à luz vida em abundância".[4]

---

1 Charles Baudelaire, poeta francês (1821-1867) foi marcado fortemente pela ideia da morte. Em "Une charogne" ("Uma carniça") ele descreve a carcaça apodrecida de uma jovem de grande beleza que o teria impressionado.

2 Antônio Augusto Soares de Passos (Portugal, 1826-1860), romântico extremado. Esse poema foi o mais popular da sua obra.

3 *O Sétimo Selo*, Suécia, 1956. Na Alta Idade Média, o cavaleiro Antonius volta das Cruzadas; em suas andanças, cheio de dúvidas, encontra a Morte que o desafia para uma partida de xadrez.

4 SHELDRAKE, R. "O Renascimento da Natureza" (1869). Em *Nature*, São Paulo: Cultrix, 1992.

Numa visão diametralmente oposta ao terror fúnebre, Shakespeare relatou o anseio existencial do soberano inglês Ricardo II: "Darei (...) meu vasto reino por uma pequena sepultura, uma sepultura bem pequena, uma sepultura obscura"[5]. Já a escritora norte-americana Dorothy Parker[6] fez registrar realisticamente em seu epitáfio: "Desculpem-me pela poeira", referindo-se ao pó em que ela se transformaria.

Séculos ou milênios antes, as mitologias clássicas (greco-romanas), e também outras mitologias ocidentais e orientais, descreviam o reino da morte como vale das sombras ou espaço de purificação, situado nas profundezas da Terra, lugar comum de origem e destino de todos os seres humanos. E a própria Bíblia lembra ao homem que ele é pó, veio do pó e ao pó há de retornar.

É claro que todos os demais seres vivos resistem à própria desagregação e morte. Todavia, eles não se colocam questões, como os humanos. Aqueles não elaboram cultura; estes sim. Todos os construtos sobre morte, decomposição, sepultamento, cremação, vida além-túmulo provêm da linguagem e da cultura que são produtos da mente humana, até mesmo quando uma crença religiosa nos leva a elaborar teorias a respeito. É nesse contexto, tão amplo e variado, que lidamos com a ideia de morte e do sepultamento.

---

5 Em *Ricardo II*. III, 3, 147.

6 Dorothy Parker (1893-1967), escritora norte-americana conhecida por suas sátiras.

Neste terceiro milênio, embora conservemos nossas crenças escatológicas, somos já bem marcados pela visão científica e pelas práticas tecnológicas. Os valores e as representações da vida humana permanecem multiformes. Não obstante, o realismo da vida moderna, com suas muitas exigências, induz a sociedade ocidental a encarar de outro modo o fenômeno natural da morte e as práticas concretas do sepultamento, do destino último dos restos mortais das pessoas queridas. Além do aspecto biológico ou do necrológico, há considerações de várias ordens: cultural, religiosa, sanitária, urbanística, socioeconômica, fundiária e, por conseguinte, ambiental. Os cemitérios de caráter tradicional (compreendendo os públicos e os privados), os convencionais e os jardins, todos colocam problemas para o meio ambiente, problemas às vezes confusos – inclusive sob o ponto de vista jurídico –, que vêm se complexificando com a própria vida de hoje. O planejamento urbano enfrenta a escassez crescente de áreas disponíveis para inumações. Áreas porventura existentes revelam-se frágeis para contornar graves problemas sanitários relacionados com a poluição do solo e de lençóis freáticos subjacentes ou próximos. Cemitérios verticais instalados em prédios não escapam a problemas análogos, embora em menor intensidade. Crematórios multiplicam-se lentamente e, mesmo se cada dia mais aceitos, defrontam-se com obstáculos de ordem cultural ou religiosa. Esse panorama demonstra que o destino último planetário de milhões de pessoas que, a cada semana, dão baixa nos contingentes da família humana, passa a ser, seguramente, uma problemática ambiental nas vertentes da saúde pública e do saneamento, socioeconômica e, até certo ponto, demográfica. Ao abrigo de qualquer dúvida, esta é questão séria por demais.

O professor Alberto Pacheco, geólogo de formação, levanta os aspectos ambientais de uma "política de cemitérios", notadamente os relacionados à saúde e os de saneamento. Seu *curriculum* inclui orientações acadêmicas de mestrandos e doutorandos, não apenas na USP, mas, também, na Universidade de Coimbra, em seu país natal. Ele sentiu de perto a demanda de conhecimentos e soluções em torno dessa temática, muito mais ligada à vida do que propriamente à morte. É óbvio que a formação de geólogo leva sua atenção maior para as inumações e seus complicadores.

Poderá haver quem considere o professor Alberto Pacheco rigoroso ou exigente. Os estudiosos e leitores deste livro poderão tirar as suas próprias conclusões. Em qualquer hipótese, o meio ambiente humano já se encontra tão devastado que, a bem desse mesmo ambiente, é mister procurar, sempre, por soluções mais seguras. Ele expõe tranquilamente seus conhecimentos e pontos de vista, e nisso anda ele muito bem fundamentado. Mas, tendo-se em vista o caráter essencialmente interdisciplinar dos grandes temas ambientais, o autor não deixou de abrir espaço para considerações de natureza diferente das que o preocupam. Por essa razão, o seu pequeno tratado é de alta valia.

O autor remonta às práticas funerárias mais antigas e quase esquecidas, detendo-se em algumas poucas civilizações mais notáveis pelos seus legados. É um preâmbulo interessante que nos introduz no cerne do problema e nos aguça a curiosidade. A seguir, com objetividade, focaliza os impactos decorrentes dos cemitérios, impactos esses originados dos corpos após a morte. Como fecho, expõe os requerimentos do mundo contemporâneo em face da problemática dos cemitérios. Trata-se de um percurso técnico de elevado interesse para o leitor e o estudioso, percurso que nos conduz por reflexões pouco ou nada palmilhadas até este momento. Quem lucra com isso é o cidadão interessado em seu último destino terreno, é o cientista, é o gestor público.

Na realidade, itens como a putrefação e a mumificação dependem de fatores ambientais como estrutura e natureza do solo, clima e umidade do ar atmosférico, vegetação existente na área, presença ou ausência de determinados microrganismos (bactérias e vírus). Esses itens podem tornar-se determinantes na escolha de locais para cemitérios ou jazigos. Concluímos, assim, que as relações "meio ambiente-cemitérios-meio ambiente" são múltiplas, circulares e cumulativas. Como já disse, também as práticas culturais e de civilização interferem nesse contexto, juntando-se às exigências técnicas e científicas. Isso nos leva a crer que, se em vida acarretamos muitos incômodos ao meio ambiente, não é depois da morte que deixaremos de fazê-lo!

Para concluir, devo dizer que o tema "cemitério" é assunto de gestão ambiental em seu melhor sentido. Não só: é também pauta para sadia curiosidade cultural que se sobrepõe às reflexões mórbidas que costumam cercar a matéria.

Imenso acervo nos tem precedido há milênios. Importa valorizá-lo, extrair e vivenciar seus ensinamentos. Este livro, *Meio Ambiente & cemitérios*, nos ajuda a fazê-lo e nos apresenta uma dimensão diferente da vida.

José de Ávila Aguiar Coimbra

Cemitério Pernambucano (Nossa Senhora da Luz)

Nesta terra ninguém jaz,
Pois também não jaz um rio
Noutro rio, nem o mar
É cemitério de rios.

Nenhum dos mortos daqui
Vem vestido de caixão.
Portanto, eles não se enterram,
São derramados no chão.

Vêm em redes de varandas
Abertas ao sol e à chuva.
Trazem suas próprias moscas.
O chão lhes vai como luva.

Mortos ao ar-livre, que eram,
Hoje à terra-livre estão.
São tão da terra que a terra
Nem sente sua intrusão.

João Cabral de Melo Neto, *Cemitério Pernambucano*

INTRODUÇÃO

A palavra cemitério, do grego *koimetérion*, "dormitório", pelo latim *coemeteriu*, significava o lugar onde se dorme, quarto, dormitório. Esse significado é explicado pela mitologia grega, segundo a qual dormir (perder o conhecimento ou a consciência) é algo decidido por *Hipno*, deus grego do sono, o qual não tem o poder de fazer despertar. *Hipno*, segundo os gregos, era irmão gêmeo de *Thanatos*, o deus da morte.

No século XVIII, estudiosos definiam o cemitério como um lugar sagrado, onde os defuntos descansam docemente à espera da ressurreição universal.

Para alguns, a palavra cemitério, durante muito tempo, pertenceu à linguagem erudita dos clérigos, sendo os termos "galeria" e "carneiro" os mais antigos para designar o lugar da inumação (sepultamento ou enterramento ou a colocação de cadáver em sepultura, jazigo ou local de consunção aeróbia) de cadáveres.

Foi sob a influência do cristianismo que o termo tomou o sentido de campo de descanso após a morte. O cemitério é também conhecido por necrópole, campo-santo, e está associado a outros nomes que evocam práticas funerárias, como inumação, enterramento, sepultamento e cremação. Outras palavras estão ligadas a este tipo de construção, como cadáver, sepultura, cova, coval, fossa e lanterna dos mortos. Dicionários da língua portuguesa dão à palavra cemitério outros significados afins: terreno descoberto em que se enterram ou guardam defuntos; lugar onde a morte faz muitas vítimas; lugar onde existem muitos objetos deteriorados, destruídos; região insalubre, epidêmica e onde se morre muito.

O termo cemitério teve uma evolução semântica ao longo do tempo, impondo-se definitivamente na língua francesa desde o século XVI. Em inglês, o emprego da palavra *cemetery*, na linguagem corrente, parece mais tardio. *Churchyard* ou *graveyard* só foram substituídas por *cemetery*, no uso corrente, no século XIX e para designar, por oposição, uma outra forma de cemitério, o *rural cemetery*.

Na terminologia hebraica o cemitério é designado por termos bastante surpreendentes: *Beth Olam* (casa da eternidade), *Beth há' hayim* (casa da vida) e no rito alsaciano *Gut-Ozt* (o bom lugar).

O interesse pelos cemitérios é muito antigo porque eles atraem a nossa atenção em virtude da sua relação simbólica com a morte. Não é raro constatar tal fato em museus, onde peças de qualidade expostas não despertam o mesmo interesse do visitante como a reconstituição de uma sepultura ou mesmo a apresentação de uma múmia ou de um crânio.

Os antropólogos costumam dizer que, para se falar de cemitérios é necessário tocar no tema da morte como um acontecimento inerente à espécie humana. A morte, esse processo da cessação dos atos vitais, é uma realidade inexorável, uma consequência do nascer e do viver. Em todas as sociedades desperta curiosidade, fascínio e medo. As sociedades modernas, consumistas, ao contrário das civilizações antigas, procuram evitá-la, negá-la, esquecê-la, como se ela não existisse, fugindo à discussão sobre o assunto e fazendo desaparecer o corpo morto de uma forma rápida, utilizando, para isso, as práticas funerárias. Dentro dessa lógica, nos grandes centros urbanos, na maioria das vezes, as populações ignoram onde estão localizados os cemitérios da cidade.

Falar sobre cemitérios, sobre a morte (nada mais natural, quotidiano e universal) é algo que incomoda e perturba as pessoas. O horror do cadáver em decomposição é uma constante em todas as civilizações. "Na impossibilidade de suprimir a doença e a morte, o homem resolveu que o melhor, para ser feliz, era não pensar de qualquer modo nisso". (Morin, 1970, p. 199)

> Nossa sociedade, voltada para as ciências exatas, quer esquecer esse momento inelutável; ela procura esquecer os ritos, as crenças antigas, mas, no dia da nossa passagem para o outro mundo, eis-nos ainda mais desprovidos, desamparados, mergulhados no temor, enquanto que as civilizações antigas aceitavam e se alegravam em ir para esse outro mundo. Então, não convém falar da morte a fim de superar a nossa angústia? (Bayard, 1993, p. 301)

O escritor português Antero de Quental, um dos maiores poetas do século dezenove, preocupado com problemas sociais e metafísicos afirmava que, "quanto melhor compreendermos a morte, melhor compreenderemos a vida".

Os cemitérios, reflexo de uma sociedade, de uma cultura, são, indubitavelmente, monumentos à memória daqueles que morreram e que os vivos fazem questão de perpetuar. Ao longo dos tempos, as necrópoles adquiriram a condição de inviolabilidade às pesquisas científicas nos seus diferentes aspectos. Entretanto, poetas e filósofos têm procurado interpretar o sentido da morte. Sociólogos, antropólogos, folcloristas e outros têm dado excelentes contribuições para um melhor conhecimento dos hábitos, costumes e práticas funerárias. Os franceses são particularmente ricos em estudos sobre o comportamento do homem diante da morte. O historiador Philippe Ariès, já falecido, foi um dos grandes estudiosos da significação e transformação dos ritos mortuários. Cabe citar também o professor da Universidade de Versailles Jean-Didier Urbain, que considera os cemitérios como um espaço etnográfico todo novo, virgem, singularmente inexplorado, onde nossa cultura, na sua intimidade, se comunica e se revela. (Urbain, 1998)

Em Portugal, há estudos muito bons de caráter histórico-antropológico do culto aos mortos, em especial nas áreas rurais, onde as populações continuam mantendo solidamente suas tradições culturais e religiosas. Esse culto é uma das características do Alto Minho, no norte daquele país, onde, na maioria das localidades, essa tradição está implantada nos hábitos das famílias.

Se houve uma consolidação científica da pesquisa sobre as atitudes dos vivos perante a morte, o mesmo ainda não se poderá dizer, plenamente, sobre a questão "meio ambiente e cemitérios", isto é, sobre as relações do corpo em decomposição com o meio ambiente, em especial com o solo e os recursos hídricos.

Há quem duvide, sem o necessário embasamento científico, de que as necrópoles sejam motivo de preocupação ambiental. Por isso, esse tipo de construção tarda a aparecer com maior evidência nas listas das fontes tradicionais de contaminação ambiental, apesar da existência de pesquisas acadêmicas (no âmbito nacional e internacional) que mostram a contaminação da água subterrânea por cemitérios mal implantados e gerenciados. Isso se deve, possivelmente, ao fato de as necrópoles serem consideradas como um universo muito sensível, em particular, nos países de tradição cristã.

Como a ciência não se compadece com tabus e tem por objetivo maior a busca do conhecimento, a relação "meio ambiente e cemitérios" precisa ser conhecida em todas as suas dimensões, principalmente quando o cadáver humano pode ser causa de alterações ambientais e pôr em risco a saúde dos vivos.

Sendo os cemitérios repositórios de cadáveres, laboratórios de decomposição de matéria orgânica, eles apresentam riscos que devem ser controlados por meio de projetos adequados de implantação e operação. Só assim será possível garantir a decomposição normal de corpos, evitar sua conservação e a consequente contaminação do meio ambiente.

Com foco nessa realidade, um evento recente ocorrido em Portugal no município de Loures, promovido pelo setor funerário e de serviços camarários, foi totalmente dedicado à reflexão sobre os princípios fundamentais que deverão presidir a gestão cemiterial naquele país, no século XXI, em harmonia com o meio ambiente e a saúde pública.

Cabe elucidar que existem, basicamente, no Brasil, dois tipos de cemitérios: os horizontais (localizados em área descoberta, compreendendo os cemitérios tradicionais e os do tipo parque ou jardim) e os verticais (edifícios de um ou mais pavimentos dotados de lóculos ou câmaras para sepultamentos). Os cemitérios horizontais, em especial os tradicionais (onde os sepultamentos são feitos, comumente, em cova rasa), mobilizam as atenções dos estudiosos da contaminação ambiental, pois neles as inumações são feitas diretamente no solo, na cova, e podem pôr em risco a qualidade da água subterrânea quando implantados de forma inadequada, sem atender às normas de boa execução. Enquanto os cemitérios tradicionais são públicos, no sentido de pertencer ao poder público, os do tipo parque ou jardim e os verticais, em geral, são privados, sendo que neste último caso, a administração pública exerce o poder de polícia.

As preocupações com o meio ambiente e a saúde pública não devem levar a pensar que os cemitérios funcionam apenas como lugares de sepultamento de corpos e de possíveis focos de contaminação e doenças. As necrópoles têm uma dimensão cultural, social e ideológica que as transformam em documentos sobre os mistérios da vida e sobre o fascínio dos vivos perante a sua finitude.

Nenhuma comunidade pode viver sem cemitérios. São equipamentos sociais fundamentais para a organização da gestão do lugar e para o harmonioso desenvolvimento do aglomerado urbano. São conjuntos sepulcrais cercados por um muro e ordenados segundo um determinado critério paisagístico, onde tem lugar a inumação do corpo. Ao contrário do campo-santo, o cemitério é normalmente propriedade das autoridades seculares, apesar de as inumações ainda serem acompanhadas por algumas formas de ritual.

PRÁTICAS FUNERÁRIAS

NOS PERÍODOS PRÉ-HISTÓRICOS

A Terra, terceiro planeta do Sistema Solar pela ordem de afastamento do Sol, com uma idade aproximada de 5 bilhões de anos, em face de suas condições únicas e extraordinárias, transformou-se no habitat do Homem que, como organismo, surgiu ao longo de uma evolução biológica. Apesar dos esforços da arqueologia, parece ser difícil algum dia determinar com exatidão a data do seu aparecimento.

A Pré-História é aquele período que antecede o aparecimento da escrita e do uso dos metais e que é reconstituído e estudado por um conjunto de ciências, entre as quais a arqueologia funerária. O estudo dos nossos primeiros antepassados, no que concerne às suas origens, evolução, hábitos e costumes, é considerado pelos especialistas como um dos capítulos mais complexos da arqueologia pré-histórica. O desvendar daquelas etapas vem exigindo ações conjuntas de arqueólogos, geólogos, paleontólogos, antropólogos, teólogos e muitos outros.

Há cerca de 35 mil anos a.C., com os homens do tipo *Cro-Magnon* (assim chamados por causa de um lugar no sul da França), desenvolveram-se na Europa ocidental as grandes civilizações do Paleolítico Superior. É o apogeu do talhe da pedra, da aparição dos utensílios obtidos a partir dos ossos de animais, da invenção da agulha, da pintura e da gravura. Já nesse período, de 35 mil a 10 mil anos a.C., o *Homo sapiens* apresenta uma estrutura física semelhante à do homem atual.

Após um período intermediário conhecido por Mesolítico (10 mil a 5,5 mil a.C.), com um clima próximo do atual, no qual os habitantes da Europa viviam na dependência de uma natureza selvagem, surgiu o Neolítico (último período da Idade da Pedra) que se estendeu, aproximadamente, de 5 mil a 2 mil a.C. O homem pré-histórico deixa a vida nômade e torna-se sedentário. Passa a ter habitação fixa, a utilizar a pedra polida, a cultivar a terra, a domesticar animais, a criar a primeira indústria têxtil, a usar a cerâmica e a prospectar metais.

Entre os seres vivos, o homem é o único que dá à morte e aos mortos uma atenção especial, consequência do uso da linguagem, geradora de comunicação e cultura. Para os arqueólogos, é sobre a forma de sepulturas que se afirma essa particularidade da espécie humana. Na Europa a inumação sistemática de corpos parece remontar a 100 mil anos antes da nossa época. Nossos ancestrais do Paleolítico Inferior e Médio (1 milhão a 35 mil anos a.C.), mal apetrechados de utensílios para cavar o solo, tiveram durante muito tempo de tratar os seus mortos de maneira discreta, antes de pensar em sepultá-los. (Masset, 2007) Nessas circunstâncias os cadáveres eram lançados nos corpos de água ou cobertos por pedras para serem protegidos dos animais carnívoros.

A arqueologia mostra que o homem de *Neandertal* (assim chamado por ter sido encontrado no povoado de Neandertal, perto de Dusseldorf, na Alemanha), ser muito primitivo, prognata, munido de arcadas supraciliares enormes, que terá aparecido no Paleolítico Médio, foi quem iniciou a prática da inumação ao enterrar os cadáveres nas fossas, circundados com pedaços de carne a fim de que pudessem alimentar-se na sua longa viagem.

Na época do homem de *Neandertal*, o morto era colocado em posição fetal, como no momento do nascimento. Essa posição sugere uma crença no seu renascimento. Os túmulos dos neandertaleses são os mais antigos, por indicarem algo diferente de um simples sepultamento para proteger os vivos da decomposição. A sepultura neandertalesa testemunha não só uma irrupção da morte na vida humana, mas também modificações antropológicas que permitiram e provocaram essa irrupção. (Morin, 1970)

Os arqueólogos informam que, quanto aos tempos do Paleolítico mais recente, ou seja, do Paleolítico Superior, a existência de maior número de elementos informativos permite um conhecimento mais variado das práticas funerárias. Dos abundantes achados sepulcrais deduz-se que os mortos eram enterrados tanto dentro das cavernas, como fora delas, em sepulturas individuais e coletivas. Noutros casos, eram sepultados em fossas cujo solo era coberto com pó de ocre triturado. Com frequência, os pés e a cabeça eram protegidos por lousas de pedra. Nos sepultamentos, eram usadas diversas posições, ficando os cadáveres deitados de costas, de lado ou para cima, acocorados e encostados em pedras ou metidos dentro de recipientes, embalsamados ou não.

A inumação não excluía o canibalismo ou antropofagia, pois tem sido encontrada documentação através do aparecimento de ossos humanos sepultados contendo evidentes sinais do descarnamento, feito talvez com o sentido de homenagear os falecidos.

Se as primeiras inumações ocorreram há 100 mil anos, foi a partir dos 10 mil a.C., isto é, no Mesolítico, que apareceram os primeiros cemitérios. As sepulturas são agrupadas em túmulos individuais e coletivos. Nessa época, também se praticou o culto dos crânios que vinha do Paleolítico.

No Mesolítico, apareceu a cremação, mas esta já era conhecida há mais de 30 mil anos na Austrália. Ela consiste na destruição das partes moles do corpo, sendo as cinzas, posteriormente recolhidas para disposição definitiva.

Com o Neolítico que, relativamente aos territórios europeus, costuma identificar-se com a época decorrida desde os 4 mil ou 5 mil até os 2 mil anos a.C., há um desenvolvimento muito acentuado do culto aos mortos pela prática generalizada da inumação, precedida de acompanhamentos ou cortejo e da prática de enterrar junto de cadáveres os objetos e o mobiliário que mais queridos lhes foram em vida.

O culto dos mortos desenvolveu, também na época Neolítica, várias práticas ou costumes funerários. São numerosos os enterramentos isolados ou em série, em campo raso, nos quais os cadáveres eram inumados já em posição estendida. Para proteção dos restos mortais, levantava-se muitas vezes uma pequena construção de pedra, geralmente uma cista retangular, formada com pequenas lousas e coberta com placas de pedra. Sabe-se também que a cremação de cadáveres era usada e praticada, mas não correntemente como a inumação.

Com a civilização Neolítica e dentro de um contexto socioeconômico novo, algumas regiões do Mundo Antigo conheceram o monumentalismo funerário por meio dos megalíticos (do grego *megas*, grande, e *litos*, pedra), também conhecidos por megálitos. São construções formadas por grandes pedras toscas ou ligeiramente desbastadas, cujas principais variedades são o dólmen, o meio dólmen, o menhir, a cista, o *cromlech*, o alinhamento e o *loghan* ou pedra balouçante. Dentre essas construções, destaca-se o dólmen (derivado do bretão *dol*, que quer dizer mesa, e *men*, que significa pedra). Originariamente o dólmen era coberto por um monte protetor de terra, porque era indubitavelmente um sepulcro.

No estado atual das pesquisas sobre os megalíticos (no que concerne à Europa), duas regiões podem reivindicar a honra de ter visto aparecer esses edifícios: o oeste da França (na Bretanha) e o norte de Portugal. Em terras lusitanas, os dólmens são conhecidos por anta, antela, antinha, mamoa e orca, geralmente, construídos com pedra granítica local. Explorações em dólmens documentam uma grande variedade de práticas mortuárias e crematórias. Nessas construções, eram feitas inumações individuais e coletivas. Para além de locais funerários, admite-se que os dólmens também funcionavam como santuários. Em Portugal, grande número de dólmens foi destruído e as pedras utilizadas na construção.

A propósito, a leitura do excelente trabalho do arquiteto J. M. Simões Ferreira mostra-nos ser consensual que, uma das marcantes expressões humanas perante a morte, a arquitetura funerária,

> teve sempre um peso considerável nas preocupações expressas pelas diversas civilizações e culturas que desde há milênios começaram gizando a herança da sensibilidade, sentimentos, preconceitos, ideias, e padrões culturais de que somos herdeiros. A essas preocupações se devem os megálitos, alinhamentos e

> dólmens das culturas pré-históricas; os simples túmulos de terra, bem como as gigantescas pirâmides, os tolos, e os grandes mausoléus da Antiguidade; as lápides, os sarcófagos, e as capelas funerárias das igrejas cristãs, etc. Tudo testemunhos cuja importância arquitetônica é inquestionável, e que nenhuma história da arquitetura pode ignorar, sendo por essas construções ou suas ruínas que normalmente começam as exposições históricas. De resto, em relação às culturas pré-históricas e civilizações antigas do Oriente e Egito quase mais nada sobreviveu como material de trabalho, o que, por si só, atesta a importância que às construções funerárias se dava nesses tempos. (Simões Ferreira, 2009, pp. 1-2)

Ainda segundo aquele arquiteto, o grande escritor português Eça de Queiroz (1845-1900) disse: "o egípcio, tendo por pensamento, por consciência, por fim supremo do ser a ideia da morte – construía casas de barro e túmulos de granito" (Queiroz *apud* Simões Ferreira, 2009, p. 2), razão por que as casas desapareceram no tempo, sob as areias, e os túmulos sobrevivem. Concluindo, a arqueologia funerária, por meio de escavações de sepulturas, tem podido compreender o lugar dos mortos e o tratamento da morte nas sociedades pré-históricas. Outro tanto não acontece quanto à relação das inumações com o meio ambiente, pois não existem elementos que permitam os respectivos estudos. Casos de retardamento da decomposição do cadáver devem ter ocorrido como consequência de inumações feitas em ambiente inadequado.

NA ANTIGUIDADE

Na Antiguidade oriental e na clássica continuaram a ser praticadas a inumação e a cremação (incineração) de cadáveres. Os ritos fúnebres seguiram os mesmos hábitos e costumes, com algumas diferenças, segundo sua evolução em cada lugar. A arte de embalsamar foi desenvolvida por algumas civilizações, com destaque para a egípcia, a que mais venerou os seus mortos.

Vejamos as práticas funerárias adotadas no antigo Egito, uma das mais antigas e fascinantes civilizações do mundo, e na Roma clássica, a primeira cidade do Ocidente onde se instalou o cristianismo.

Antigo Egito

Cerca de 5 mil anos a.C., no período Neolítico mais antigo, surge no Baixo Egito o grande povoado de Merinde Beni Salame, constituído por choças de traçado circular ou oval, construídas com barro, juncos e canais. Ali, os cadáveres eram inumados (em atitude de repouso) em covas simples, sobre uma esteira ou pele de animal, no interior do povoado. Essa prática associada à falta de saneamento deve ter gerado um ambiente insalubre para os habitantes daquele grande povoado. Entretanto, no Alto Egito, as inumações eram feitas em verdadeiras necrópoles.

Após a unificação dos dois reinos e a criação do Império do Egito por Menés, o primeiro rei e faraó, durante as duas primeiras dinastias (época Tinita), praticou-se o enterramento arcaico, como anteriormente, em simples covas abertas na terra para todas as camadas sociais. Estas sepulturas constituem as mais antigas necrópoles egípcias.

Como as grandes cheias do rio Nilo nos terrenos baixos e alagadiços e os ventos nas vastas regiões arenosas provocavam o desenterramento dos cadáveres humanos, expondo-os à voracidade das aves e dos animais carniceiros, os faraós e cortesãos passaram a melhorar as suas sepulturas, que foram cobertas e protegidas por uma construção de tijolos, gesso e outros materiais. Essa melhoria não contemplava o povo, que era inumado em ambientes pantanosos e nas areias escaldantes do deserto. O sepultamento nessas condições retardava ou impedia a decomposição de corpos, propiciando sua conservação.

Em plena evolução, os primeiros túmulos eram escavados na rocha dura e arrematados com uma edificação baixa de adobe conhecida como *mastaba*.

Assim se chegou à terceira dinastia (Império Antigo), em que o célebre arquiteto Imhotep construiu, por volta de 2.630 a.C., para o rei Djoser, a Pirâmide em Degraus, a primeira pirâmide em escada do Egito, na margem esquerda do rio Nilo. É uma construção de calcário, com seis amplos degraus e 61 metros de altura, os quais são um empilhamento de mastabas elevando-se sobre incontáveis túmulos ocultos pela areia. Essa pirâmide é a grande atração de Saqqara, fazendo parte de um grande complexo funerário que se estendia por 70 quilômetros ao longo do rio Nilo. Tal pirâmide é considerada pelos arqueólogos como o início da fantástica e misteriosa aventura das pirâmides.

As três grandes pirâmides de Gizé, construídas na quarta dinastia (Império Antigo), feitas de calcário duro, situadas próximo do Cairo, são as de maior importância pela grandiosidade e imponência que sobressaem no ambiente árido do deserto. Nessas construções, os faraós eram sepultados com os corpos mumificados artificialmente, isto é, embalsamados, prática fundada na sobrevivência da alma na eternidade.

As pirâmides, por serem túmulos individuais ou para poucas pessoas, não chegaram, inicialmente, a constituir necrópoles. Perto delas ou à sua volta foram feitos enterramentos em caixas ou recipientes formados por vários materiais, aos quais se deu o nome de *sarcófagos*, colocados em fileiras ordenadas, em ruas e transversais. Esse conjunto instalado nas areias do deserto formou um cemitério conhecido como a "cidade dos mortos".

Um dos maiores cemitérios da antiguidade, com mais de 5 quilômetros quadrados, foi encontrado em Bahariya, um oásis situado a 370 quilômetros a sudoeste da cidade do Cairo. Os oásis são lugares aprazíveis cobertos de vegetação em regiões desérticas e que convidavam os antigos mercadores, com suas caravanas de camelos, a descansar à sombra das tamareiras e beber água fresca em nascentes e poços escavados. O cemitério de Bahariya, com o seu tamanho e grande número de corpos embalsamados, representou certamente um grande risco de contaminação para a água subterrânea captada por eventuais poços localizados naquele oásis.

Recentemente, arqueólogos egípcios descobriram 14 túmulos greco-romanos datados do século III a.C. no oásis Bahariya, indicando a possibilidade da existência de uma grande necrópole.

As pirâmides foram consideradas pelos antigos gregos como uma das maravilhas do mundo. Napoleão Bonaparte, imperador da França, na sua campanha militar no Egito, em 1798, afirmou: "Soldados, pensai que 4 mil anos olham sobre vós de cima destas construções". As pirâmides egípcias são o grande testemunho de uma civilização original, grandiosa, que desapareceu sob as areias do deserto, mas que continua apaixonando e fascinando os homens ao longo dos tempos.

Roma monárquica, republicana e imperial

Na monarquia romana, a realeza e outras personagens ilustres eram inumadas no Campo de Marte, em Roma, enquanto o povo era cremado. Com o advento da República, a inumação para todos aparece como uma medida democrática. Na verdade, tratava-se de uma decisão de caráter econômico, pois a madeira dos bosques era rara e cara.

Na Roma republicana, a prática da cremação de cadáveres era exclusiva dos senhores abastados e nobres que podiam pagar a madeira necessária para cremar um corpo, recolhendo-se no final as cinzas numa urna que era colocada em nichos em salas subterrâneas. As urnas eram postas também nos *bustus*, sepulcros a céu aberto, a cujo tipo pertencem os columbários (muros guarnecidos de nichos destinados a receber urnas funerárias) de Mérida, cidade espanhola na província de Badajoz e detentora de um notável patrimônio arqueológico romano.

Roma, durante a República e o Império, foi assolada por pestes que provocaram inumações em massa. Pragas virulentas e devastadoras foram a causa de milhares de mortes num único dia. (Mumford, 1991)

Por influência de Caio Mecenas, protetor das letras e das artes, o primeiro imperador romano Otávio Augusto, no início do seu governo, não só mandou recobrir uma parte da zona de cemitérios da cidade de Roma, que foi mais tarde transformada nos jardins de Mecenas, como também, por meio de uma reforma, tentou intensificar a cremação. A plebe continuava a ser inumada em covas rasas.

Com a interdição das inumações no interior da cidade, por razões higiênicas, aparecem os primeiros cemitérios romanos que mostram uma segregação social pouco democrática: os imperadores são enterrados sob o Capitólio, os patrícios ao longo das vias de acesso a Roma, o povo no Esquilino (a maior das sete colinas de Roma), em poços abandonados ou covas (*puticuli*) mantidas abertas dia e noite, e os supliciados em lugares especiais (*sesternium*). Na realidade, a plebe era amontoada em valas abertas e os escravos, em poços funerários disseminados à volta da cidade, formando como que um contínuo vale pútrido entupido de cadáveres. Esses poços também foram utilizados na Idade Média ocidental para receber cadáveres ou ossadas.

Para além das inumações em grande número de cadáveres de pessoas vitimadas por doenças malignas, a história fala sobre a mortandade de homens e animais nos grandes espetáculos do Coliseu de Roma, iniciado pelo imperador Vespasiano e concluído com pompa por seu filho e sucessor, o imperador Tito. O arqueólogo Rodolfo Lanciani, autor de um excelente trabalho sobre a antiga Roma, publicado em 1892, diz que:

> é difícil conceber a ideia de um *carnarium* humano, uma reunião de covas nas quais homens e animais, corpos e carcaças e toda a espécie de detritos não mencionáveis eram lançados em desordem. (Lanciani *apud* Mumford, 1991, p. 240)

Essas covas circundavam a muralha Serviana (construída no século IV a.C. pelo rei romano Sérvio Túlio), uma barreira defensiva à volta da cidade de Roma, com 11 quilômetros de comprimento.

Lanciani, em suas escavações, encontrou cerca de 75 covas ou subterrâneos cheios de uma "massa uniforme de matéria escúra, viscosa e untuosa". (Mumford, 1991, p. 240) Assim, ele foi obrigado a dispensar o seu grupo de trabalhadores, periodicamente, por causa do odor pútrido proveniente das escavações abertas após vinte séculos.

Aquela massa formada por cadáveres de homens e de animais estaria parcialmente conservada por circunstâncias ambientais? Do ponto de vista geográfico, a futura cidade de Roma foi edificada nos vales, primitivamente pantanosos, localizados entre as sete colinas, situadas na margem esquerda do rio Tibre. Diante desse cenário não terão os lodos e a umidade do solo e subsolo propiciado uma longa conservação daqueles corpos? Quais foram as consequências, para a saúde da população romana, da inumação indigna de cadáveres humanos em buracos espalhados nos arredores da cidade e da disposição inadequada de animais mortos? Houve impactos ambientais, particularmente nas águas de abastecimento? Para essas perguntas não existem respostas fundamentadas. Apenas se pode imaginar que poderia ter havido algum risco para o ambiente e a saúde dos romanos. "Roma, não obstante toda a sua perícia e riqueza de engenharia, carecia miseravelmente dos rudimentos de higiene municipal". (*ibidem*)

Roma, como todas as cidades antigas, dependia, em grande parte, da água de poços e de cisternas para seu abastecimento. Por 441 anos depois da fundação da cidade, os habitantes romanos tiravam a água do rio Tibre e dos poços particulares. Com Sexto Júlio Frontino (comissário da água em Roma em 97 d.C.), no tempo do imperador Nerva, foi intensificada a construção de aquedutos de forma a tornar aquela cidade mais limpa e de ar mais puro. Mas, de início, não foram atendidas todas as zonas da cidade. No reinado do imperador Trajano, os habitantes da margem esquerda do rio Tibre ainda utilizavam poços. Estariam eles contaminados pelas atividades da população romana, incluindo as funerárias? O risco de impacto no ambiente e na saúde pública poderia ter ocorrido, atingindo, principalmente, a população pobre, que era em grande número e mal servida de saneamento.

Com a difusão do Cristianismo, que interditou a cremação predominante durante os primeiros séculos do Império Romano, a inumação teve uma escalada, tornando-se a forma de enterramento mais comum. Os cristãos passaram a sepultar seus mortos nas catacumbas (palavra de origem grega que significa cavidade, um vale aberto) de Roma, antigos cemitérios subterrâneos, com cavidades ou lóculos funerários nas paredes, escavados nos tufos vulcânicos do subsolo da cidade.

Segundo os especialistas, as catacumbas cristãs não surgiram por causa das perseguições, mas com o propósito de servir como cemitérios coletivos, solução encontrada para os sepultamentos de uma grande comunidade. A falta de espaço e a expansão populacional da cidade de Roma parecem ter determinado esse tipo de construção.

Por exigência da lei romana, todos os corpos encerrados em urnas ou sarcófagos, no solo, deviam ser sepultados fora das muralhas, para que os templos e as festas religiosas não fossem manchados pela morte. Por essa razão os cemitérios da Antiguidade eram implantados fora das cidades, ao longo das estradas, como a Via Ápia, em Roma, a mais antiga das vias latinas (312 a.C.), em cujas margens foram encontrados vestígios de inumações das camadas modestas da população, constituindo uma grande e importante necrópole. Entre os túmulos ao longo da estrada estão os de Cecília Metela (um dos marcos da Via Ápia, com a forma de tambor) e o de Rômulo, filho do imperador Maxêncio, que morreu em 309 d.C. Os cemitérios permitiam, assim, delimitar com bastante rigor o perímetro urbano e deduzir, também, o posicionamento dos principais eixos viários de acesso à cidade. O costume de inumar à beira das estradas permaneceu no Ocidente, aproximadamente, até meados do século VII d.C.

Concluindo – e a propósito da Antiguidade –, o historiador Philippe Ariès afirma:

> Conhecemos a Antiguidade em grande parte graças aos túmulos e aos objetos que aí se acumularam. Quanto mais distante está a Antiguidade, maior é a parte dos documentos funerários.

> Este é sem dúvida o efeito da seleção do tempo: os homens sobrepondo-se uns aos outros nos mesmos locais, apagaram os vestígios dos seus predecessores, mas deixaram subsistir, meio profanadas, as sepulturas que encerravam um condensado da cultura dos vivos. O lugar dos cemitérios, ou daquilo que os substituía, é portanto muito grande na nossa vida dos mundos antigos. (Ariès, *apud* J.M.Simões Ferreira, 2009, p. 2.)

DA IDADE MÉDIA À CONTEMPORÂNEA

Na Idade Média (período histórico compreendido entre o começo do século V e meados do século XV), a partir do século VIII, ocorreu uma mudança que, paulatinamente, levou ao abandono de cemitérios campais, os quais foram cobertos pela vegetação, esquecidos ou usados somente em tempos de peste. É nessa época que os mortos deixam o subúrbio e passam a ser sepultados "intramuros", à volta da igreja ou no interior desta. Os mortos retornam ao convívio dos vivos com a penetração de cemitérios no ambiente urbano, lado a lado com as habitações da comunidade. Assim, desaparece a distinção entre o subúrbio, onde se enterrava desde os tempos antigos, e a cidade, onde era proibido sepultar.

Como consequência, nas topografias urbanas, o cemitério já não é visível ou já não tem identidade, confunde-se com as dependências da igreja e os espaços públicos. A responsabilidade dos enterros manteve-se a cargo da Igreja até ao século XVIII, na Europa ocidental, quando surgiu o cemitério moderno, que tem a sua origem no pensamento do Iluminismo.

Segundo os higienistas, o suor, a urina, as fezes, os animais mortos, eram algumas fontes de "infecção do ar". Os cadáveres humanos estavam entre as principais causas de formação de miasmas mefíticos (emanações supostamente nocivas) e afetavam com particular virulência a saúde dos vivos porque eram sepultados em igrejas e cemitérios paroquiais dos centros urbanos. (Ariès, 1977) Queixas, na época, eram dirigidas contra o cheiro fétido proveniente das sepulturas, que incomodava não só os que frequentavam a igreja, mas também os moradores vizinhos de cemitérios. A peste negra, epidemia que atingiu a Europa e outras regiões do mundo, durante o século XIV (1347-1350), matando um terço da população europeia, criou sérias dificuldades para dar sepultura à grande quantidade de mortos. A terra junto às igrejas já não era suficiente para tantos cadáveres que iam chegando e sendo empilhados. O cheiro empestava o ambiente e o cenário era trágico.

A partir da década de 1740, vários países da Europa começaram a manifestar preocupação com o caráter insalubre das inumações nas igrejas e com o excesso de ocupação dos terrenos que lhes eram adjacentes ou pertenciam às paróquias. "Os odores fétidos que os cadáveres exalam é uma indicação da Natureza que adverte que se afastem daí". (*ibidem.*, vol. II, p. 216)

Os gases provenientes de corpos sepultados e em decomposição no piso das igrejas e nas fossas comuns localizadas no adro afrontavam aqueles que assistiam às missas e degradava o ar urbano mais próximo. Segundo testemunhos daqueles que moravam junto de cemitérios paroquiais, nada podia ser conservado ante a agressividade dos maus humores, "nem carne, nem caldo, nem vinho e nem cerveja". (Ariès, vol. II, 1977, p.20) Em alguns desses cemitérios, em seu interior ou nas suas proximidades, era frequente a presença de poços para captação de água subterrânea e de nascentes para abastecimento público. A precariedade da construção desses poços e a existência de sepulturas nas imediações poderia ter contaminado sua água. Nas décadas de 1770 e 1780, soberanos esclarecidos de países da Europa proclamaram éditos que baniam os enterros intramuros, encorajando a construção de locais de inumação na periferia das áreas urbanas.

Na França, onde cerca de metade da população das cidades era inumada – normalmente, nas igrejas –, um édito do rei Luís XVI, de 1776, surgido como consequência dos protestos de médicos e sanitaristas, interditou os sepultamentos nos edifícios religiosos. Essa ordem real previa que os cemitérios situados nas imediações das moradias, os quais poderiam prejudicar a salubridade do ar, seriam transferidos para lugares distantes.

O cemitério dos Santos Inocentes, o maior de Paris, situado no centro da cidade, que servia mais de 20 paróquias e recebia pobres e ricos havia oito séculos, foi desativado em dezembro de 1780, antes da Revolução Francesa.

> Ali as casas dos vivos quase tocavam os túmulos dos mortos, os mercados de tecidos, livros, ferragens, cavalos e forragem espalhavam suas mercadorias entre as sepulturas. Uma área de cerca de 120 por sessenta metros, o cemitério formava uma espécie de anexo do vizinho mercado dos Halles. (Reis, 1991, p. 77)

A desativação daquele cemitério ocorreu por causa das suas péssimas condições sanitárias e por ser um risco potencial de doenças. Para além dos maus odores emanados da putrefação de cadáveres, que corrompiam a atmosfera e incomodavam os moradores vizinhos, a água de poços do quarteirão onde se situava o cemitério estava imprópria para consumo, por causa de infiltrações de líquidos provenientes das sepulturas no interior dessa necrópole. Para o filósofo francês Voltaire, o cemitério dos Inocentes era um vasto lugar consagrado à peste. (Ragon, 1981) Também por razões sanitárias e ambientais, foram desativadas mais de duas dezenas de cemitérios localizados na área urbana de Paris, cujos restos humanos foram transferidos para as antigas pedreiras calcárias, situadas na periferia da cidade e onde já se encontravam os provenientes do cemitério dos Inocentes. Nessas pedreiras, que têm o nome de catacumbas, o comandante d'Artois (depois Carlos V), antes da Revolução Francesa, realizava grandes festas e, durante a Segunda Guerra Mundial, a Resistência francesa instalou ali seu quartel-general. Hoje, as catacumbas localizadas entre Denfer-Rocherau e o parque Montsouris são um impressionante ossuário de grande atração turística. Assim, os velhos cemitérios medievais intramuros foram substituídos por outros implantados na periferia de Paris, fora da área urbana. Mais uma vez os mortos são expulsos da cidade, do convívio com os vivos, voltando aos sepultamentos no ambiente rural. Seu afastamento não se faz apenas em favor da cidade, que é liberada de uma fonte potencial de contaminação, mas também salva o cemitério da corrupção da cidade. Como consequência, surgiram as necrópoles públicas do Père Lachaise, de Montmartre e de Montparnasse, que estabelecem uma nova topografia para os cemitérios parisienses, uma topografia do século XIX. Essas necrópoles, que serviram de modelo aos novos cemitérios urbanos da Europa, com o tempo, foram absorvidas pela expansão urbana da cidade de Paris. Atualmente, estão localizadas intramuros e são muito visitadas por milhares de turistas, não só por causa das personalidades ali sepultadas, mas também pelas magníficas esculturas funerárias. São cemitérios com belos parques arborizados, bem arejados, asseados, em total sintonia com o ambiente urbano onde estão situados.

Ao se falar sobre aqueles cemitérios, vem a propósito a grande figura do Barão Georges Eugène Haussmann (1809-1891), que foi prefeito do Sena de 1853 a 1870, a quem Napoleão III (1808-1873) encarregou de dirigir os trabalhos que transformaram Paris. Do projeto também constava a localização dos cemitérios que se situavam nas zonas suburbanas e que, em razão da expansão urbana, voltaram para dentro da cidade, da qual tinham sido expulsos no princípio do século. Essa situação criava dificuldades à execução dos projetos de melhoria da cidade e a outras benfeitorias visando ao seu bom funcionamento e progresso.

Aqueles três cemitérios, na época da sua implantação, situavam-se fora da cidade de Paris, a uma distância de acordo com as preocupações higiênicas dos parlamentares dos anos de 1760. Quando da construção desses cemitérios, não se previu que a expansão de Paris se aproximaria dos lugares que se desejara distantes.

O historiador Phillipe Ariès, já citado, diz:

> Haussmann e os seus colaboradores haviam herdado dos parlamentares do século XVIII as ideias sobre os enterros no interior das cidades. Por este motivo, Haussmann propôs fechar os cemitérios reunidos em Paris, já superlotados, como outrora o Parlamento decidira, pelos mesmos motivos, suprimir o cemitério dos Inocentes. Contudo, tomou precauções que os parlamentares do século XVIII haviam negligenciado, sinal da diferença dos tempos. Não se tratava mais de arrasar o cemitério Père-Lachaise como se arrasara o dos Inocentes; bastaria suspender os enterros naquele cemitério e criar longe da Paris crescida uma vasta e magnífica necrópole. Escolhera Méry-sur-Oise, na direção de Pontoise, convencido que a cidade jamais chegaria até lá. (Ariès *apud* Simões Ferreira, 2009, p. 763)

Os projetos de Haussmann e outros não tiveram apoio e, assim, foram abandonados. E por quê? Phillipe Ariès esclarece:

> Publicações científicas demonstravam que os cemitérios nunca haviam sido insalubres, que os casos extraordinários citados pelos autores do século XVIII eram lendários ou mal interpretados, por falta de um verdadeiro conhecimento dos fenômenos. (Ariès *apud* Simões Ferreira, 2009, p. 65)

Temos dito e repetido que os cemitérios adequadamente implantados e geridos são apenas um risco potencial para o meio ambiente e a saúde pública.

Arquitetura dos cemitérios civis do século XIX

O arquiteto Simões Ferreira, já citado, mostra que, para estabelecer um histórico sobre a evolução dos cemitérios civis no século XIX, é fundamental recorrer à contribuição da teoria da arquitetura para a sua gênese e configuração. Consequentemente, como achamos importante fazer esse histórico para enriquecimento do nosso trabalho, apoiamo-nos, para efeito, naquele autor, que diz:

> No século XIX, começa-se por ver concretizar-se dois tipos de cemitérios: o cemitério-museu, ou mineral, inspirado na tradição medieval dos campos santos italianos e os cemitérios de

> claustro, dos franceses, e o cemitério-jardim, ou botânico, que é essencialmente uma criação inspirada na teoria e na prática da arte de jardins, tal como se desenvolveu no Ocidente, a partir da segunda metade do século XVIII. Note-se, todavia, que raramente estes tipos são puros, predominando um gênero de cemitérios em que se sente o cruzamento de ambos os modelos. Tal observa-se no Père Lachaise, de Paris; como no Staglieno, de Gênova; como na maioria dos cemitérios londrinos, de oitocentos. (Simões Ferreira, 2009, p. 787)

Diz mais:

> Aos dois primeiros modelos, veio juntar-se, a partir da década de 30, o *lawn green cemetery* dos escoceses, que os americanos adotaram fartamente, que é aparentado com o cemitério-jardim, mas tem características bem próprias, que o diferenciam, com a rarefação de arvoredo, de áleas, a inexistência de sebes e canteiros de flores, etc., e, essencialmente, o predomínio do campo relvado (*lawn green*), sobre o qual se dispõem, despojadamente, as pedras sepulcrais, acentuadamente verticais, e em alinhamentos paralelos, fazendo lembrar os *alignements* da Pré-história. (Simões Ferreira, 2009, p. 787)

Os alinhamentos referidos por Simões Ferreira são os menires ou *menhires*, ou "pedra comprida" (do bretão *men*, pedra e *hir*, comprida). É uma forma de monumento que fez parte da cultura megalítica da Europa ocidental. Os menires, quando dispostos verticalmente e em várias filas paralelas, formam os alinhamentos, como, por exemplo, os de Carnac, na Bretanha Francesa, que cobrem uma área de 12.800 pés de comprimento e incluem 2.935 menires; quando arrumados em círculo formam os cromeleques (do bretão *crom*, círculo, e *lech*, lugar). O mais conhecido e importante parece ser o Stonehenge, perto de Salisbury, na Inglaterra, cuja parte central deve datar dos tempos megalíticos.

Ainda segundo Simões Ferreira:

> Já no último quartel do século, em 1877, começa-se a gizar na Alemanha, o Parkfriedhof, ou cemitério-parque, primeiro em Hamburgo, através da obra do arquiteto Wilhem Cordes, no Haupt Friedhof Ohlsdorf, de que foi o projetista e primeiro diretor, ou talvez ainda antes, no Eichofer Friedhof, em Kiel, Schleswig-Holstein, pátria de Christian Cay Lorenz Hirschfeld, o filósofo que foi o maior teórico europeu da arte dos jardins, do séc. XVIII. Depois, ainda na Alemanha, surge em 1907, em Munique, o Waldfriedhof, ou cemitério-floresta, por iniciativa do arquiteto Hans Grässel, a que se seguiu, em 1916, na Suécia, em Estocolmo, o Skosgkyrkogärden, talvez o mais impressionante exemplo desta tipologia do cemitério-floresta, projetado pelos arquitetos Gunnar Asplund e Sigurd Lewerentz, e que hoje é considerado patrimônio mundial, classificado e protegido pela Unesco. Note-se que, também neste caso, os cemitérios criados raramente são do tipo puro, assistindo-se ao cruzamento do cemitério-parque com o cemitério-floresta, na maioria dos casos, e, ainda à adoção de pormenores do cemitério-museu, do cemitério-jardim e do *lawn green cemetery*. (Simões Ferreira, 2009, p. 787-788)

Depois, o arquiteto Simões Ferreira faz uma recapitulação dos cinco tipos distintos de cemitérios, que se distinguem, segundo ele, pela predominância das características arquitetônicas:

> **1) Cemitério-museu:**
> De traçado geométrico regular, é organizado por estruturas edificadas monumentais, formando grandes pátios retangulares, por vezes, semicirculares. São cerrados para o exterior, e abertos para o interior através de pórticos de colunas ou de arcada, formando claustros, onde se expõem os monumentos funerários, e por baixo dos quais existem caves, onde se localizam as sepulturas, do tipo familiar, na sua maioria. As estruturas edificadas contêm os edifícios de culto, capelas, e os dos serviços, evitando-se a dispersão de construções. A grande referência é o campo-santo de Pisa, e os cemitérios de claustro, da França, como o de Perpignan, de Orleans, ou o de Saint-Severin, em Paris – que se manteve, estando atualmente em restauro –, e pode-se considerar como um enobrecimento ou formalização arquitetônica da antiga prática cristã da sepultura no adro das igrejas. É o tipo de cemitério que predomina em Itália, mas refletindo-se também, senão como modelo global, em certos pormenores que foram adotados, na organização de cemitérios em Espanha, Portugal, França, Inglaterra, Áustria e Alemanha, nomeadamente Hannover, e nos cemitérios mais antigos de Munique, como o Südfriedhof. (Simões Ferreira, 2009, p. 788)

A maravilhosa igreja de Saint-Severin, em Paris, por nós muito apreciada, localizada no Quartier Latin e que teve a sua construção iniciada no século XIII, é um belo exemplo do estilo gótico *flamboyant*. Nela ainda existe uma pequena área anexa (claustro), que funcionava como cemitério na época medieval.

> **2) Cemitério-jardim:**
>
> Organizado como um jardim, de traçado orgânico, com áleas, bosques, clareiras, veredas, os elementos predominantes são o coberto arbóreo e arbustivo, o arranjo ajardinado do terreno e os monumentos funerários, que sob a copa das árvores se dispõem, em filas não muito ordenadas, ao longo das áleas, arruamentos ou veredas e nas clareiras ou rotundas. É normalmente delimitado por muros altos, por gradeamentos, ou por fossos de água rampeados, formando como que *remparts*, como se observa na Holanda e na Bélgica. Os edifícios de culto situam-se em pontos nodais, normalmente no centro, e os dos serviços, junto às entradas, contíguos aos muros periféricos. A referência histórica concreta não é nítida – admitindo-se vagamente ter como referência na tradição os bosques e prados sagrados dos primitivos celtas e germanos, onde se enterrariam os mortos, e como referência literária dos Campos Elísios, descritos pelos poetas da Antiguidade Clássica, ao qual ascendiam os heróis e outros homens notáveis. Assim, pode-se considerar, essencialmente, uma criação teórica dos séculos XVIII-XIX, derivada da arte dos jardins, do culto das ruínas e da Antiguidade, e da Weltanschauung do Romantismo, com a sua primazia da Natureza. É o tipo de cemitério que predomina em França, Holanda, Bélgica, Espanha, Portugal, e, enfim, um pouco por todo o mundo ocidental..., embora raramente se encontre um em estado puro, estando na sua maioria cruzados ou contaminados pelo tipo do cemitério-museu, de que foram adotadas algumas partes, como os pórticos de arcada. (Simões Ferreira, 2009, p. 788-789)

> **3) *Lawn green cemetery:***
>
> Organizado como um prado relvado (um *green*) sobre o qual se dispõem alinhadamente, em filas paralelas, mas adaptadas às sinuosidades e aos declives do terreno, os monumentos funerários, como pedras eretas – predominando a verticalidade – de um jogo de xadrez. Os edifícios dos serviços de apoio são mínimos, quase não se dando por eles, tal como os de culto, resultando um conjunto homogêneo e despojado, quase minimalista. A referência arquetípica parece ser os *alignements* de megalitos pré-históricos que abundam na Escócia, e um pouco por todo o norte da Europa, principalmente na chamada zona céltica. Em Glasgow e Edimburgo há cemitérios, como a Necropolis Glasguensis, ou o Rosebank Cemetery, que representam essa tipologia no seu estado puro, o mesmo acontecendo em Nova York com o Calvary Cemetery, em Queens. Mas na maioria dos casos, aconteceu a essa tipologia o mesmo que às descritas acima: foi contaminada pelas outras, principalmente as mais próximas em características, como o cemitério-jardim e o cemitério-parque. De resto, uma boa parte dos cemitérios históricos americanos são de classificação tipológica controversa, entre o *lawn green* e o *park cemetery*, donde, segundo alguns especialistas, teria derivado o *Parkfriedhof* dos alemães. (Simões Ferreira, 2009, p. 789)

No que concerne ao Brasil, o cemitério-jardim e o cemitério-parque confundem-se nas suas características: sepultamentos feitos em túmulos subterrâneos (jazigos), em área gramada, referenciados por pequenas placas de bronze e árvores ao longo das ruas. Diríamos que o cemitério-jardim é um cemitério-parque e vice-versa.

4) ***Parkfriedhof*** ou **cemitério-parque**: é organizado como um parque, ou seja, um grande espaço arborizado e ajardinado, num misto de traçado geométrico e orgânico, embora tratado de uma maneira que se pretende naturalista e pitoresca; de grandes dimensões – o Ohlsdorf chegou aos 400 hectares –, é dividido em partes diferenciadas, e organizadas de acordo com determinados aspectos temáticos, de que "o caminho dos poetas", ou os talhões e monumentos de homenagem às vítimas das guerras, no Ohlsdorfer Friedhof, são exemplo. Cada uma das partes constitutivas é tratada minuciosamente, procurando-se conjugar, com harmonia, os elementos básicos da paisagem natural: a terra, a água, a vegetação, o ar e os ventos, e os artificiais dos edifícios de culto, ou de serviços (o Ohlsdorf tem 14 capelas, as quais quase não se percebe). A referência modélica histórica, poderá ter sido o cemitério da comunidade pietista de Herrnhut, criado em 1730, mas, em geral, a referência de base, ou arquétipo, parece ser o modelo da paisagem rural da Alemanha – uma paisagem toda ela artificializada ou humanizada – com os diversos lotes de terreno separados por sebes ou renques de árvores. Esse mesmo modelo ressoa na divisão ou separação entre sepulturas, que costumam ser envolvidas por uma sebe que as delimita e cria um delicado simulacro de privacidade entre cada uma. Os monumentos funerários são relativamente modestos, quase limitados à pedra de cabeceira, muitas vezes, uma pedra tosca, simulando um menhir, onde se inscreve o nome do(s) sepultado(s), e pou-

co ou nada mais. Talvez por isso os cemitérios alemães sejam aqueles onde mais se assiste ao investimento dos particulares no embelezamento do espaço de envolvimento da sepultura – que parece mais importante que a sepultura em si, ou dela fazer parte indissociável – plantando flores ou arbustos, aparando sebes, remexendo a terra, limpando-a, comparando-a, etc. Se o *lawn green cemetery* dos britânicos é, como o admitimos, a manifestação de um espírito aristocrático, despojado, e dado ao desapego, o *Parkfriedhof* dos germanos é a realização de um espírito popular (o *Geistesvolk,* dos românticos?) e burguês, no sentido de uma cultura da família, da comunidade, do trabalho, de apego à realidade e de abnegada e esforçada aposta na sua metamorfose, intentando sobretudo a criação de um espaço ou lugar que, como o próprio nome indica, seja um "campo de paz" (*Friedhof*), ou seja, de repouso das fadigas desta vida de labuta e sofrimento, e onde se sabe estar predestinado a morrer. Talvez, afinal, a única maneira de alcançar a paz e a liberdade...

5) Waldfriedhof ou cemitério-floresta:

Organizado como uma floresta ou bosque, em que o elemento dominante são árvores de grande porte, de folha caduca na sua maioria, por entre as quais, e por baixo da suas copas, se dispõem as sepulturas e os monumentos, singelos, que as assinalam e individualizam. O acesso às sepulturas é feito através de caminhos tratados como veredas (*Wege*) sinuosas, de traçado topológico, seguindo a disposição natural do terreno: as sepulturas, por vezes, agrupam-se de maneira mais concentrada em clareiras. Tal como no *Parkfriedhof* procura-se manter os elementos básicos da paisagem natural: a terra, a água, o ar, os ventos, o arvoredo, as folhas secas em putrefação, mas sem grandes esforços de os conjugar, antes privilegiando um certo despojamento e aspecto agreste ou bravio do conjunto. Resulta ser mais "naturalista" e "botânico" do que o *Parkfriedhof*, de que se pode considerar uma intensificação, e o mais mimético em relação à natureza, de todos os tipos de cemitérios. Os edifícios de culto, os crematórios, os de serviços de apoio dispõem-se em clareiras não muito abertas, por entre o arvoredo... A referência básica parece ser a floresta ou bosque primitivo e mágico dos povos germânicos, e uma certa ideia de retorno à natureza virginal, e fusão com a matéria primordial. É um modelo que se cruza facilmente com o do *Parkfriedhof*, e o *lawn green*, também admitindo fragmentos do cemitério-jardim, e até do cemitério-museu, como se faz observar no Skosgkyrkogärden, em Estocolmo, no dispositivo de septos de parede formando pequenos páteos, que antecede o crematório e as salas de culto, e onde se dispõem lápides e outras pedras sepulcrais adossadas a esses septos, ou dispostas no chão por eles envolvido. (Simões Ferreira, 2009, p. 791)

Finalmente, Simões Ferreira conclui dizendo:

A estes cinco tipos de base, de que os dois últimos, o cemitério-parque e o cemitério-floresta, surgem já num contexto epocal de transição para o séc. XX, poder-se-á ainda acrescentar o *cimetière architectural*, segundo a análise e classificação de Robert Auzelle, que é centrada e exemplificada com cemitérios surgidos na transição do séc. XIX para o séc. XX. (Simões Ferreira, 2009, p. 792)

É oportuno um registro sobre as características essenciais tipo-morfológicas formuladas e recomendadas para cemitérios nos séculos XVIII e XIX. Ater-nos-emos a apenas duas:

> **1) Relativas à localização e à implantação:**
>
> A localizar fora das cidades, e de sítios habitados, mas não tão longe que dificultasse o acesso e as deslocações de visitantes; de preferência a Norte, ou outro quadrante aconselhado pela direção dos ventos dominantes, de modo que estes não se dirigissem para a cidade; em terrenos altos, secos e ventosos; planos ou pouco inclinados; e cuja constituição químico-orgânica fosse propícia à consumação dos cadáveres. Adicionalmente, em Espanha, Itália e Portugal, procurava-se que os locais já tivessem uma certa consagração religiosa preexistente, como uma ermida ou capela, ou algum uso funerário anterior, como será o caso da localização do cemitério dos Protestantes, em Roma, junto à pirâmide de Caio Cestio, ou entre nós, a localização do cemitério Ocidental de Lisboa junto à ermida de Nossa Senhora dos Prazeres, donde veio a tirar o nome pelo qual é conhecido. (Simões Ferreira, 2009, p. 793)
>
> **2) Relativas às árvores, plantas e flores:**
>
> Embora, ao princípio, houvesse divergência de opiniões sobre a implantação de árvores, que em algumas formulações teóricas eram vistas como susceptíveis de causar embaraços à circulação do ar, ou mesmo de espalharem pelo ar, através das suas ramagens, os vapores pestilentos da corrupção subterrânea, que recolheriam com as suas raízes, na maioria das formulações teóricas e propostas de projeto são prescritas, pelos seus efeitos salutares e de embelezamento do ambiente; o mesmo se observando em relação aos arbustos, sebes, plantas, relvado e

> flores. Esse embelezamento do ambiente através do arvoredo, das plantas e flores, com o tempo, veio tornar-se o aspecto conceptual predominante no modelo teórico do cemitério-jardim e veio a caracterizar o cemitério ocidental, essencialmente, como um espaço verde, campo relvado, parque arborizado, ou bosque... (Simões Ferreira, 2009, p. 795)

A existência de vegetação nos cemitérios e seu entorno é salutar. Para além do aspecto estético, é importante sob o ponto de vista higiênico e sanitário. Purifica a atmosfera e, também, oxigena o solo e o subsolo, tendo uma ação positiva no desenrolar do ciclo evolutivo ou de transformação da matéria orgânica.

A leitura das normas a que deve obedecer a escolha dos terrenos para a instalação de cemitérios em Portugal mostra que o art. 7º do Decreto 44220, de 3 de maio de 1962, estipula os elementos a ter em conta no cálculo da área de cemitérios, entre os quais estão os espaços destinados a zonas verdes.

Quais as árvores a serem plantadas? Aquele decreto diz que devem ser plantados arbustos, espécies herbáceas e árvores, devendo estas situar-se nas zonas mais afastadas das sepulturas. As espécies arbóreas deverão ser cuidadosamente escolhidas de maneira a obter-se o melhor efeito arquitetural, como o da salubridade.

Mas nem sempre a vegetação foi bem vista no interior de cemitérios. Por exemplo, em 21 de maio de 1765, uma ordem do Parlamento de Paris proibiu a plantação de árvores e arbustos em cemitérios dessa cidade, não só como forma de acabar com hábitos pagãos, mas também por razões higiênicas: pensava-se que as árvores impediam a circulação do ar.

Michel Ragon, já citado, põe em evidência as coníferas, com folhagem sempre verde, como símbolo da imortalidade e, entre outras, refere-se ao cedro (cuja longevidade é grande), ao buxo, consagrado a Plutão (deus dos infernos) e aos ciprestes, cujos ramos eram utilizados nas fogueiras funerárias por gregos e romanos. Ainda segundo aquele autor, os caldeus, sírios, assírios, o mundo muçulmano e a China também adotaram o cipreste como árvore mortuária. Nos cemitérios europeus do século XIX, principalmente nos países de influência mediterrânea, os ciprestes seguem a tradição greco-romana, aparecendo alinhados ao longo das alamedas.

Entretanto, a França que brilhava na Europa como exemplo a seguir, durante a primeira década do século XIX, montou o modelo básico de sepultamento que vigoraria até final desse século. Esse modelo inspiraria os reformadores dos cemitérios europeus.

A evolução em Portugal

> O horror com que o homem encara o fim da sua existência; o pesar acerbo de se ver esquecido para sempre, e de não deixar depois de si nenhuma lembrança; o desejo de resistir à revolução constante que destrói todos os seres, deram origem a essa mistura extravagante de cerimônias fúnebres, que se acham

> consignadas nos anaes de todas as nações. A Antiguidade mostra-nos exemplos de homens vivamente afectados, que vencendo o horror que inspiram os cadáveres, os conservam por muito tempo, ou porque esperassem vê-los tornar à vida, ou por não se atreverem a separá-los de si; procurando desse modo indenizar-se da perda que acabavam de experimentar. Avaliaram-se porém mais tarde as consequências de tão funesta prática, reconhecendo-se que a generalizar-se, viria a ser extremamente nociva para a espécie humana. (Souza Vaz, 1835, pp. 9-10)
>
> As práticas funerárias e cemiteriais em Portugal, ao longo dos tempos, são testemunhadas pelo culto pré-histórico dos megalitos, principalmente dólmens; pelas sepulturas da época do bronze, como as descobertas no Minho, em Âncora e também no Algarve e Alentejo; pela época do ferro, 'campo de urnas' de Alpiarça, a 'Necrópole' de Alcaçer do Sal e outros. Com a integração no Império Romano, aparecem as práticas de sepultamento, com vários testemunhos, como urnas e vasos cinerários, sarcófagos, lápides, estelas e outros; com o cristianismo começam a aparecer os costumes funerários e as práticas de sepultamento que foram dominantes durante cerca de 1500 anos: inumação do cadáver ou a sua disposição em sarcófago no interior da igreja e entorno da mesma. (Souza Vaz, 1835, pp. 9-10)

Como o resto da Europa, Portugal não fugiu à regra. Os sanitaristas e as elites intelectuais da época, movidos por convicções baseadas nos princípios dos higienistas franceses e ingleses, segundo os quais a inumação nos templos causava graves prejuízos à saúde, expondo a população (que frequentava as igrejas) a perigos emergentes, em especial de doenças contagiosas, defenderam a proibição urgente de sepultamentos nas igrejas e a construção de cemitérios públicos fora das vilas e cidades em lugares altos e ventilados. Isso só aconteceu depois de longas discussões, tendo acabado por prevalecer o bom senso sanitário. Só no ano de 1835 é que o ministro do Reino Rodrigo da Fonseca Magalhães faz publicar os decretos de 21 de setembro e de 08 de outubro ordenando, em defesa da saúde da nação, a construção de cemitérios públicos para a inumação de cadáveres. Começava em Portugal uma transformação sanitária nos hábitos e costumes da população com consequências positivas para a saúde pública e para o meio ambiente.

Se as populações das cidades aceitaram a inovação, isto é, as inumações em cemitérios campais, o mesmo não aconteceu com as comunidades rurais. É dentro desse espírito que, em 19 de março de 1846, tem início no concelho de Póvoa de Lanhoso um movimento organizado por mulheres e liderado por Maria da Fonte que se opunha à proibição das inumações nas igrejas. Os acontecimentos que se estenderam a toda a província do Minho e parte da província de Trás-os-Montes foram considerados como oposição à Reforma da Saúde Pública em Portugal.

Como o posicionamento face ao culto dos mortos não era globalmente unânime, no início da década de 1860, Portugal ficou dividido em duas partes: no sul os enterramentos nas igrejas não ultrapassaram os 20%, enquanto no norte ia além dos 30%. Além disso, nessa última região, era possível detectar uma zona de resistência moderada (Coimbra, Aveiro,

Porto e Bragança), com valores abaixo dos 50% e um ativo e forte centro de oposição em Braga e Viana, distritos onde a população que defendia a forma tradicional de enterro ultrapassava os 80%. Compreende-se e desculpa-se a insensibilidade dos rurais às novas práticas, mais acessíveis às mentalidades urbanas, mais bem informadas.

> Portanto, não admira que, irradiando das grandes cidades para os campos, os novos cemitérios acabassem por se impor, dando mesmo origem a novas formas de culto e de afetividade, enquanto o costume antigo ficou cada vez mais confinado a zonas periféricas, incapazes de pôr em causa a evolução mental que a racionalidade política do estado liberal e o romantismo burguês foram modelando no decurso da segunda metade do século XIX. (Catroga, 1993, p.32)

O grande batalhador das questões sanitárias em Portugal foi Diogo Inácio de Pina Manique, que viveu de 1733 a 1805, contemporâneo do Marquês de Pombal (ministro do rei de Portugal D. José I) e da rainha D. Maria I. Para além de intendente da Polícia, desenvolveu ações relevantes em matéria de higiene pública. Adotando totalmente o movimento sanitário surgido em França através do édito de Luis XVI e consagrado nos decretos de Napoleão de 12 de junho de 1804 e de 07 de março de 1808 (que proibiram os enterramentos no interior de qualquer edifício e tornaram obrigatória a criação de cemitérios comunais), Pina Manique desencadeou uma campanha contra as inumações de cadáveres nas igrejas da cidade de Lisboa. Apesar de algumas vitórias, não conseguiu levar adiante seus intentos. No entanto, foi considerado o pioneiro dos cemitérios públicos em Portugal.

Diogo Inácio de Pina Manique

As epidemias, tanto quanto se sabe, estão na origem de alguma alteração do panorama cemiterial das duas maiores cidades portuguesas, Lisboa e Porto. A ocorrência da *colera-morbus*, que fez dezenas de milhares de mortos nas décadas de 1830 e 1840, levou à implantação de dois cemitérios pioneiros em Lisboa, o dos Prazeres e o do Alto de São João, criados em 1835 na sequência do decreto de Rodrigues da Fonseca.

O cemitério dos Prazeres foi designado por cemitério Ocidental e servia às freguesias desse lado, onde viviam populações com mais recursos. O do Alto de São João foi chamado de cemitério Oriental da Cidade de Lisboa. Deste lado, o oriental, viviam as pessoas francamente pobres. Enquanto o cemitério dos Prazeres foi escolhido por escritores e atores, onde passaram a "desfrutar de sepulturas e talhões privativos, como espaço de repouso e recordação", o cemitério do Alto de São João é o cemitério dos combatentes da Primeira Grande Guerra e da Guerra Colonial de 1961-1975. (Simões Ferreira, 2009, p. 1045) Aqueles dois cemitérios têm uma decoração arquitetural e iconográfica substancialmente influenciada pelo cemitério do Père Lachaise. No que concerne à estatuária, os cemitérios dos Prazeres e do Alto de São João possuem um belo patrimônio artístico gerado por artistas portugueses e estrangeiros. Entre outros, destacam-se os monumentos a Pedro Oliveira Martins, historiador, político e um dos grandes prosadores da língua portuguesa (cemitério dos Prazeres) e a de José Rodrigues Miguéis, um dos mais evidentes escritores do século XX (cemitério do Alto de São João). No que concerne à arquitetura, no cemitério dos Prazeres está o Jazigo de Palmela, considerado pelos arquitetos como a "joia da arquitetura tumular portuguesa". O cemitério dos Prazeres está hoje transformado em cemitério-museu, ou seja, funciona quase como museu, situação para a qual o do Alto de São João, ou pelo menos uma sua parte significativa (a mais antiga) deverá evoluir.

Na cidade do Porto, a segunda maior depois de Lisboa e situada na margem direita do Rio Douro, existem os mais importantes cemitérios do norte de Portugal. A década de 1830 determinara a implantação dos principais cemitérios do Porto, com a inauguração do cemitério da Irmandade da Lapa e, posteriormente, o do Prado do Repouso. Já na década de 1850, seria a vez do cemitério de Agramonte, destinado a servir à zona ocidental da cidade e que hoje constitui um dos mais importantes cenários da arte oitocentista no Porto.

Em 1833, o cerco à cidade do Porto pelas forças miguelistas criou uma situação trágica em termos de salubridade, dando lugar ao aparecimento da *colera-morbus*. Essa epidemia provocou um grande número de óbitos que, conjuntamente com os soldados liberais que iam morrendo na luta contra aquelas forças, saturou os lugares de inumação, tendo sido necessário enterrar no chão de algumas igrejas e nos terrenos anexos de outras. Essa situação gerou a inauguração do cemitério do Prado do Repouso, em dezembro de 1839, a primeira necrópole pública criada no Porto, onde inicialmente eram inumados os pobres da cidade. Só em 1855 é que a situação dos cemitérios do Porto teve alguma alteração em face da segunda epidemia de cólera. Assim, surgiu o cemitério de Agramonte, onde foram enterradas as vítimas do cólera. Nessa necrópole está sepultado o escritor Júlio Dinis, médico e autor de romances célebres, como *As Pupilas do Senhor Reitor*, a *A Morgadinha dos Canaviais* e *Os Fidalgos da Casa Mourisca*, adaptados para o cinema português. Segundo o arquiteto Simões Ferreira, já citado, Júlio Dinis segue-se a Alexandre Herculano (o pioneiro de estudos historiográficos em Portugal, dois anos após a promulgação dos decretos de Rodrigo da Fonseca e o estabelecimento dos primeiros cemitérios civis) como o escritor em cuja obra se faz sentir mais fortemente a presença da questão cemiterial. Uma doença implacável, a tuberculose, matou-o quase na primavera da vida (1839-1871).

Nos cemitérios citados, as inumações são feitas em sepulturas, jazigos subterrâneos e jazigos de capela (familiares). Estas atingem grandes dimensões no cemitério da Irmandade da Lapa, no Porto.

Cabe esclarecer que o termo "inumação" tem sido utilizado de forma generalizada, até para sepultamentos em edifícios acima da superfície do solo. Há quem não concorde.

Como houve uma relação entre a insalubridade e a questão cemiterial na cidade do Porto, é feita uma breve descrição da guerra civil que dominou Portugal, de 1828 até 1834. A primeira reação militar contra o novo absolutismo (personificado por D. Miguel, terceiro filho de D. João VI e irmão de D. Pedro I, do Brasil), deu-se em 1828, com uma revolta que, centrada no Porto, alastrou-se para quase todas as cidades ao Norte do Mondego. Os principais chefes da causa liberal, refugiados na Inglaterra, ao saberem dos acontecimentos em Portugal, dirigiram-se para o Porto, onde instalaram um Governo provisório. O rescaldo do terror miguelista gerou milhares de prisões, julgamentos sumários e numerosas condenações à forca. Desde 1820, as ideias liberais haviam conquistado muita gente. Em 7 de abril de 1831, D. Pedro abdicou da coroa imperial e passou a usar o título de duque de Bragança, regente de Portugal. Em Londres conseguiu dinheiro emprestado, seguiu para os Açores e ali organizou a expedição que, em 8 de julho de 1832, desembarcou nas proximidades da cidade do Porto. Durante um ano, a guerra limitou-se ao cerco do Porto. A população portuense aderiu com firmeza à causa de D. Pedro. Ações militares desencadeadas paralelamente em outras regiões do país e a ocupação da cidade de Lisboa decidiram a guerra a favor dos liberais. Os absolutistas depuseram as armas em maio de 1834 (Convenção de Évora Monte) e D. Miguel embarcou para o exílio, enquanto D. Pedro I do Brasil, assumiu o trono de Portugal, como D. Pedro IV.

A guerra civil

Fonte: José Hermano Saraiva. *História concisa de Portugal*. Publicações Europa-América, Portugal, 6.a edição, 1980.

A propósito, em Portugal, o Direito Mortuário contempla as seguintes matérias:

- Disposições Constitucionais e Legais
- Remoção, Transporte, Inumações, Exumação, Trasladação e Cremação de Cadáveres

- Agências Funerárias
- Cemitérios
- Colheita de Órgãos e Tecidos
- Jurisprudência
- Índice Analítico e Sistemático

No que concerne à matéria sobre cemitérios, segundo aquele documento, não tem qualquer justificação o isolamento ou afastamento destes, isto é, a implantação dos cemitérios longe do contexto urbano. A justificação é embasada em opiniões de higienistas, como a do português Doutor Arruda Furtado, que dizia o seguinte sobre o assunto, em conferência que proferiu em 10 de maio de 1941:

> Um problema surge quando se pensa em escolher o campo mortuário:
>
> A que distância dos vivos?
>
> Para qualquer invocação higiênica ou administrativa, não se conte nunca com o terror que o cemitério infunda, ou com o desejo que tenham os vivos de que fiquem longe deles os mortos.
>
> Sabemos que surgem os que vociferam porque das suas janelas se possa ver o cemitério. E vêm brados que afirmam miasmas, gases, pestilências, que, todas juntas, não excedem por vezes as dos reclamantes. Que as administrações considerem em cada caso, mas que nem elas nem os reclamantes venham em nome de uma higiene demarcada, teórica ou errada, procurar arrimo. As exigências da higiene são simples, são claras e são modestas em tal matéria. (Furtado, 1841, p. 123)

É claro que os cemitérios adequadamente projetados e implantados no meio ambiente e operados de acordo com as regras sanitárias e higiênicas em vigor, terão uma relação de equilíbrio, de sustentabilidade com o ambiente rural e urbano.

Ainda na matéria sobre cemitérios, o Direito Mortuário dedica uma atenção ao item sobre as "águas e os cemitérios".

O professor Ricardo Jorge, que foi um higienista eminente, já em 1884, nas suas conferências na cidade do Porto, apresentou análises de águas que brotavam nos cemitérios do Prado do Repouso, da mesma cidade, e dos Prazeres, em Lisboa. Nelas se revelava potabilidade em face da ausência de amoníaco, nitratos e matéria orgânica, esta só acusada para as águas do Prado do Repouso, mas em pequena percentagem, abaixo do valor máximo desejável.

O doutor Arruda Furtado dava uma certa importância ao perigo de inquinação das águas das fontes e ribeiros existentes perto dos cemitérios, atribuindo mesmo a essa possibilidade e à natureza geológica dos solos onde se fazem os enterramentos, quase que exclusivamente, as consequências de ordem sanitária que podem provir dos cemitérios.

Escrevia ele:

> Pode ocorrer, quando faltam em área acessível terrenos próprios e a água seja a condição prejudicial, a ideia de os drenar. A drenagem só deve consentir-se uma vez rigorosamente verificada a absoluta impossibilidade de ser utilizado, a distância aceitável, o local e o terreno que a dispense.

> Mas quando tenha de fazer-se será sempre por drenos subterrâneos, reduzidos em número, e nunca situados sob as sepulturas (...) Mas não se esqueça nunca que para as águas de tais drenos exige a salubridade os mesmos cuidados que para as águas residuais e de esgotos. (*ibidem*., p. 126)

Na vistoria para escolha de terrenos para cemitérios, acrescentava:

> E ainda antes de propriamente considerar a qualidade do terreno há que verificar se está ou não incluído em bacia de alimentação de águas potáveis, mineromedicinais ou de mesa, ou mesmo industriais, e muito especialmente na área de proteção ou concessão respectiva; e, ainda, se se inclui ou não em zona de reservas minerais. (*Ibidem*)

Ainda segundo o Direito Mortuário português, na escolha do terreno para a instalação de cemitérios ou ampliação dos existentes, deve-se ter em atenção os seguintes fatores (são referenciados aqueles que julgamos serem os mais importantes):

- Não ficarem excessivamente afastados das povoações;
- Serem sensivelmente planos ou com declive pouco acentuado;
- Ser o subsolo de natureza permeável em toda a área destinada a enterramentos, convindo os terrenos de natureza calcáreo-siliciosa, calcáreo-argilosa, silico-argilosa e sílico-calcárea e devendo rejeitar-se os de natureza humosa, calcárea ou fortemente argilosa,

salvo se forem corrigidos com areia, produtos calcáreos ou outros aconselháveis;

- Terem drenagem natural ou possibilidade de drenagem artificial simples;
- Serem fáceis de escavar, não apresentando rocha, blocos rochosos ou água, até à profundidade de 2 metros.

No caso de haver nas imediações dos terrenos escolhidos fontes ou cursos de água que possam ser utilizados para abastecimento das populações, observar-se-ão os condicionamentos aconselhados para tal fim.

Cabe acrescentar que, em Portugal, não existe a obrigatoriedade do licenciamento ambiental para a implantação e operação de cemitérios.

Sobre a importância dos terrenos na implantação de cemitérios serão feitas considerações no capítulo *Implantação e ampliação de cemitérios* deste livro.

Os cemitérios no Brasil

No que concerne ao Brasil, a prática de sepultamentos no interior das igrejas e em seu entorno foi trazida pelos portugueses. A preocupação sistemática com essa questão pelos médicos sanitaristas e homens cultos data do final do século XVIII. Em 1798, uma comissão médica a serviço da Câmara do Rio de Janeiro já chamava a atenção para o perigo que corriam as pessoas quando iam pela manhã às igrejas carregadas de gases sufocadores produzidos, durante a noite, pelos mortos ali sepultados e sem vedação adequada.

Dois anos depois daquela data, foi publicado em Lisboa um pequeno trabalho sobre o assunto, *Memória sobre os prejuízos causados pelas sepulturas dos cadáveres nos templos e método de os prevenir*. Seu autor foi o mineiro Vicente Coelho de Seabra Silva Teles, médico e professor da Universidade de Coimbra. A motivação imediata da sua obra teria sido "duas epidemias que grassaram no Porto – provocadas por presumíveis emanações vindas das igrejas de Santo Ildefonso e dos Ofícios". (Simões Ferreira, 2009, p. 1018) Na igreja de Santo Ildefonso, ainda hoje, são visíveis à entrada os lugares que funcionaram como sepulturas.

Aquela igreja, na cidade do Porto, lembra-nos o livro do escritor português Aquilino Ribeiro (1885-1963), com o título *O Romance de Camilo,* no qual se lê:

> A inumação nos templos estava condenada pelas leis mais elementares da salubridade pública, que todavia os antigos menosprezavam. De modo geral, o selvagem carece de pituitária, ou só a tem muito restritamente como auxiliar do seu instinto de caçador. O ácido sulfúrico, que flutuava, extravasado das campas, no espaço aéreo das igrejas, não o incomodaria, se é que dava por ele. Mas nesta ou naquela

povoação era de cortar à faca. O enterramento apenas seria higiênico obra de dez palmos de profundidade. Era raro que as covas atingissem tal medida dentro dos templos. Muitos eram construídos sobre rijo salão e até laje marmórea. Mas que o solo fosse fundável, os coveiros, com lousas a delimitarem a cavidade sepulcral, não estavam à vontade para abrir a fossa nas regras devidas. Depois o espaço dos templos com o acréscimo da população tinha-se tornado minimamente acanhado. Muitas vezes era forçoso sobrepor cadáveres e cadáveres ainda incorruptos. A cal não chegava às serras. Em caso de peste, bulia-se com um perigoso podridero. (Ribeiro, 1961, V. I, p. 259)

E mais:

Que os templos se tinham tornado focos de pestilência é da história. Pouco antes de 1800, uma grande epidemia lavrou no Porto, provocada, veio a averiguar-se, pelas emanações fétidas da igreja de Santo Ildefonso. Desencadeara-se outra em 1779, com seu foco originário na igreja dos Órfãos. E, corria o ano de 1805, em quase todas as povoações da margem esquerda do Mondego, desde Amial até Verride, grassou uma terrível maligna, a que acudiram com providências extremas, e cuja causa foi atribuída às exalações pútridas da matriz de Alfarelos. Também o gás carbônico, que inquinava o ar dos templos, dava lugar a acidentes mórbidos específicos: delíquios, asfixias, crises de histerismo, tantas vezes tidas como tranquibérnias do Diabo, esquecendo que tal figurão não devia mandar coisíssima nenhuma de portas adentro da casa de Deus. (*ibidem.*, vol. I, pp. 258-261)

> Ora, desde que vedaram o templo aos mortos, todo esse sacrilégio se desvaneceu ao fim de duas gerações. A obra plástica da sugestão, filtrada pelo dogma do juízo final e a lei das metanas, deixou de exercer-se. A imagem dos seres amados evaporou-se com os miasmas no ar varrido dos cemitérios. (*ibidem.*, V. I, pp. 258-261)

Voltando ao Brasil, um outro pioneiro do assunto foi José Correia Picanço. Como muitos médicos brasileiros, Picanço formou-se na França, na cidade de Montpellier, exatamente onde o deão Henri Huguenot publicara, em 1746, suas experiências sobre os efeitos mortíferos dos vapores cadavéricos da igreja matriz local. Picanço veio para o Brasil com D. João VI, foi cirurgião-mor do reino. Sua única publicação conhecida é de 1812, exatamente um *Ensaio sobre o perigo das sepulturas nas cidades e nos seus contornos.* (Reis, 1991, p. 255)

Outros escreveram sobre o tema, mas o primeiro estudo de porte sobre os enterros nas igrejas parece ter sido a tese defendida em Paris, em 1831, de Manuel Maurício Rebouças, publicada em português, na Bahia, em 1832. Rebouças aprendeu com Henri Huguenot que as covas da igreja de Nossa Senhora de Montpellier por ele abertas permitiram perceber "um vapor mui fétido que impregnou a roupa, os cordões, as garrafas, e até o vidro e as casacas de um odor cadaveroso", que "gatos e cães ali lançados morreram em poucos minutos em meio a convulsões". (Rebouças *apud* Reis, 1991, p. 257)

Há também relatos de histórias fantásticas no Brasil, como o ocorrido na Bahia, num dia de 1835: ao se abrirem as portas da igreja de São Francisco para a missa matutina, ocorreram "algumas mortes". A insalubridade dessa e outras igrejas aumentava por causa do revolver constante, sob seus pisos, da "terra encharcada de matéria decomposta dos cadáveres". (Reis, 1991, p. 258)

Na cidade do Rio de Janeiro, o excesso de enterros nas igrejas por ocasião da epidemia da febre amarela, em 1843, perturbaria, se não a saúde, pelo menos o olfato dos habitantes. O morador de uma casa localizada na rua dos Passos, contígua à igreja de Santa Ifigênia, notou que de suas paredes minava "uma substância gordurosa" que um médico atestou originar-se de cadáveres sepultados nos carneiros (gavetas) do templo. Sepultar nas igrejas era uma ameaça à higiene pública. (*ibidem.*, p. 259)

O cemitério da Santa Casa, localizado naquela cidade, era considerado o mais perigoso para a saúde pública e para o ambiente. Era pequeno e situado em local de ventos que sopravam sobre a cidade. Nesse cemitério, os cadáveres eram em grande número e mal sepultados numa grande vala comum, quase expostos ao calor e ao ar, liberando na atmosfera gases nauseabundos.

Os baianos conviviam com os mortos lado a lado, escandalizando os médicos. De acordo com relatos, nas ruas em frente às igrejas, os pedestres andavam topando com ossos, inclusive pedaços de crânios. Um cenário insalubre e inconcebível para a saúde pública e o meio ambiente.

Os médicos eram unânimes em apontar o perigo que corriam as pessoas que iam diariamente às igrejas carregadas de eflúvios mefíticos produzidos, durante a noite, pelos mortos ali enterrados. Os eflúvios eram potencializados pelo suor e a respiração dos fiéis e a queima de velas e incenso. Naquele tempo as igrejas não eram mobiliadas com bancos ou cadeiras. Seus frequentadores oravam e assistiam a missas de pé ou ajoelhados e, quando cansados, sentavam-se no chão, isto é, sobre as sepulturas. Para ajudar o processo de decomposição, cobriam-se os cadáveres com cal e, em seguida, jogava-se terra que era batida por pesadas calceteiras. (*ibidem.*, p. 175)

Se aquela cal utilizada para auxiliar no processo de decomposição do cadáver era a "cal queimada" (obtida por hidratação da cal virgem), esta tem pouca ou nenhuma ação como oxidante, como coadjuvante. Até pode retardar a respectiva decomposição. Atualmente existem oxidantes à venda no mercado que parecem ser eficazes.

Geralmente, pessoas de qualquer condição social podiam ser enterradas nas igrejas, mas havia uma hierarquia do local e do tipo de sepultura. Na cova do adro eram inumados escravos e pessoas livres muito pobres.

Sob a influência dos exemplos sanitários oriundos principalmente da França, as insistências constantes dos profissionais ligados ao saneamento contribuíram para que fosse promulgada a lei imperial de 28 de outubro de 1828, que regulamentava a estrutura, funcionamento, eleições, funções e outras matérias referentes às câmaras municipais do Império do Brasil. O parágrafo segundo do artigo 66 da lei recomendava que as câmaras municipais elaborassem posturas relativas ao "estabelecimento de cemitérios fora do recinto dos templos, conferindo a esse fim com a principal autoridade eclesiástica do lugar". A construção de cemitérios que substituíssem as igrejas como locais de enterramento fazia parte desse projeto liberal, civilizador e higienizador. (*ibidem.*, p. 276)

Para os médicos, já naquela altura, preocupados com o ambiente e a saúde pública, a localização ideal para os cemitérios seria fora da cidade, longe das fontes de água, em terrenos altos e arejados, onde os ventos não soprassem sobre as aglomerações urbanas. Os cemitérios deviam ser cercados por muros altos (de oito a dez pés de altura) para evitar o trânsito de animais, que devoravam cadáveres. A presença de árvores serviria para ornamentar a "morada da morte" e purificar o ar ambiente dos maus odores a serem evitados e combatidos. Portanto, os mortos deviam ser sepultados em lugares distantes do núcleo urbano, à profundidade adequada para evitar os miasmas. Isso por uma questão de salubridade.

Como na França e em Portugal, a proibição de sepultamentos nas igrejas brasileiras teve resistências que perduraram por algum tempo, com destaque para a Cemiterada, acontecimento que teve lugar na Bahia, em 25 de outubro de 1836, convocada pelas irmandades e ordens terceiras de Salvador, organizações católicas leigas que, entre outras funções, cuidavam dos funerais de seus membros e eram contra os enterros em cemitérios campais. No Campo Santo, como foi chamado o cemitério de Salvador, o estrago foi enorme.

Como resultado das medidas saneadoras, na segunda metade do século XIX, surgiram no Brasil os cemitérios públicos, a céu aberto, com túmulos suntuosos no estilo das necrópoles europeias, possibilitando aos ricos e notáveis, mesmo depois de mortos, alardear importância junto da sociedade. Poderíamos chamar a esses túmulos, como na Idade Média, de túmulos de privilegiados.

Relatos históricos mostram que na cidade de São Paulo, durante o período de sepultamentos nas igrejas, quando alguém do povo morria de doença contagiosa era sepultado em lugares distantes da cidade, chamados de "cemitérios dos bexiguentos", os quais deveriam representar um grande risco para o meio ambiente e a saúde pública.

Em São Paulo, em fins do século XVIII, foi construído o cemitério dos Aflitos, com o seu muro de taipa, entre as atuais rua Galvão Bueno e praça Almeida Júnior, no bairro da Liberdade. Foi o primeiro cemitério intramuros da cidade, administrado pela Misericórdia, e onde eram sepultados em condições higiênicas deploráveis os escravos, indigentes e condenados, que não tinham direito a serem sepultados nas paróquias. O mesmo foi demolido quando da inauguração do cemitério da Consolação.

A implantação de cemitérios públicos na cidade de São Paulo demorou algum tempo. Em 1845, a Igreja inaugurou um cemitério vizinho ao recolhimento do Campo da Luz, para que ali fossem sepultadas as recolhidas do convento do Campo da Luz e seus capelães. Mas a cidade continuava sem um cemitério público e geral, enquanto as inumações no interior dos templos estava em colapso. Naquele mesmo ano, a Assembleia Legislativa Provincial aprovou o código de posturas da vila que multava em 20 mil réis e oito dias de prisão todos os que enterrassem ou fizessem enterrar algum cadáver dentro da Igreja. Pela punição se procurava acelerar o cumprimento da lei, isto é, o fim das inumações nos templos e a construção de cemitérios extramuros.

Era urgente um cemitério público na cidade de São Paulo. Inicialmente foi cogitado para o atual largo do Arouche. Entretanto, foi escolhido o alto da Consolação, lugarejo arejado, distante da cidade e que permitia a proteção contra os maus odores e possíveis moléstias. Em 1855, o cemitério público, a céu aberto, começou a ser implantado naquele local, contra a vontade de alguns moradores da cidade, que achavam que o cemitério ficava distante, em lugar "situado na beira da estrada de Sorocaba, ladeado de capinzais e vacarias". A inauguração do cemitério da Consolação ocorreu em 1858 e seu regulamento foi aprovado pela Resolução de 14 de abril de 1868. Uma vez oficializada a situação do cemitério, este passou a substituir os pequenos cemitérios provisórios existentes, como o cemitério dos Aflitos, com inumações em valas comuns, e o do Campo da Luz. Ainda em 1868, a Ordem Terceira do Carmo inaugurou, junto do cemitério da Consolação, a sua própria necrópole.

Também no século XIX, foram construídos mais dois cemitérios: o do Araçá (1887) e o do Brás (1893). Estes e outros cemitérios que apareceram posteriormente, como o de Santana (1897) e o da Irmandade do Santíssimo Sacramento (1899), em terreno adjacente ao cemitério do Araçá, e o de Vila Mariana (1904), terão surgido pelo fato de o cemitério da Consolação estar lotado por causa do aumento da mortalidade. Os surtos de varíola eram frequentes e mortíferos. Uma tragédia que assolou a cidade de São Paulo por 66 dias, de 15 de outubro a 19 de dezembro de 1918, foi a gripe espanhola, pandemia de extensão e virulência sem precedentes, que faria no mundo mais de 22 milhões de óbitos. Cerca de 65% da população paulistana foi infectada e a maioria dos 5.100 mortos morava nos insalubres distritos periféricos do Brás, Mooca e Belenzinho.

A ineficiência dos serviços sanitários e a negligência do poder público parecem ter contribuído para tal tragédia. Não é difícil imaginar que, naquela época, as inumações das vítimas devem ter sido feitas em condições sanitárias precárias, em valas comuns, mal enterradas, com consequências gravíssimas para o meio ambiente. A ida a cemitérios e a hospitais era considerada perigosa, por serem eles fontes de infecção.

A caminho dos cemitérios, via-se passar o cortejo incessante de caminhões. Cada um transportava até dez mortos. Diante desse cenário e a bem da saúde pública, tornou-se necessário e urgente melhorar os serviços de inumação e expandir a rede de cemitérios da cidade.

Cabe dizer que, em São Paulo, não ocorreram revoltas como a que aconteceu na cidade de Salvador, na Bahia, em 1836, embora tivesse havido alguma resistência sem consequências. A conciliação, mais do que o conflito direto, foi a regra nos arranjos que acabaram por instaurar os cemitérios periféricos nas cidades paulistas.

Atualmente, a cidade de São Paulo tem 22 cemitérios horizontais tradicionais administrados pela prefeitura da cidade. Neles, em geral, são feitas inumações no solo (em cova rasa). Os particulares são 18, também horizontais e do tipo parque ou jardim. São áreas verdes, onde as inumações são feitas por entumulação (jazigos subterrâneos).

No que concerne ao conjunto dos cemitérios municipais da cidade de São Paulo, cabe pôr em evidência os cemitérios da Consolação e do Araçá, que datam do século XIX. Eles são construídos no estilo dos cemitérios do Père Lachaise, de Montmartre e de Montparnasse, necrópoles localizadas na área urbana da cidade de Paris. Aqueles dois cemitérios paulistanos, que foram reintegrados ao espaço urbano pelo crescimento de São Paulo, são uma extensão da história paulista. Neles estão sepultadas figuras ilustres da vida política e cultural do Brasil. No cemitério da Consolação estão os restos mortais da Marquesa de Santos (grande benfeitora da necrópole), amante de D. Pedro I; dos ex-presidentes Campos Salles e Washington Luís, e dos ex-governadores do estado de São Paulo, Adhemar de Barros e Armando Salles de Oliveira. Escritores famosos, como Mário de Andrade e Monteiro Lobato, estão ali sepultados.

Assim como os cemitérios franceses e portugueses do século XIX, no da Consolação existe uma arte funerária esplendorosa, com esculturas produzidas por artistas famosos, como Vitor Brecheret e seu discípulo Celso Antônio de Menezes. Como consequência, dos seus mil jazigos, 400 estão incluídos em projeto de tombamento, encaminhado pelo Serviço Funerário ao Conselho de Patrimônio Estadual.

Desconhecemos se aquele projeto já teve aprovação. Entretanto, pode-se dizer que o cemitério da Consolação é, também, um cemitério-museu.

Quanto ao cemitério do Araçá, um dos mais tradicionais, que durante muito tempo deve ter sido a maior necrópole da cidade de São Paulo, possui na sua parte mais alta, ou seja, na mais antiga, jazigos datados das últimas décadas do século XIX. Esse cemitério surgiu para atender, em especial, a uma burguesia de origem recente formada por imigrantes enriquecidos.

A propósito, o documento com 23 itens conhecido por "Compromisso de Brasília" e elaborado em abril de 1970, por convocação do ministro da Educação, na época, permite ver que o 19º determinava: "Urge legislação defensiva dos antigos cemitérios e especialmente dos túmulos históricos e artísticos e monumentos funerários". O referido documento põe em evidência a necessidade de se vincular os cemitérios com o patrimônio da nação, o que não vem acontecendo na maioria dos casos.

Dólmen, Carnac, França, 2000.

Cemitério Père-Lachaise, Paris, 2010.

O cemitério-jardim ou botânico mais visitado em Paris. Fica em uma colina arborizada, cujo terreno pertencia ao Père-Lachaise, confessor do rei Luís XIV. Ali estão inumadas celebridades como o escritor Honoré de Balzac, o compositor Frédéric Chopin, o fundador do espiritismo Allan Kardec (com o túmulo na forma de um pseudodólmen) e outros.

Igreja de Saint Severin, fachada principal, Paris, 2010.

No claustro da igreja funcionou um cemitério medieval.

Claustro da igreja de Saint Severin, Paris, 2010.
Antigo cemitério medieval.

Cemitério dos Prazeres, Lisboa, 2011.
Cemitério-museu. Quanto à decoração arbórea, sobressai a quantidade de ciprestes, que é considerada a maior e mais densa mancha verde desse tipo em toda a Europa.

Cemitério paisagístico de Lumiar, Lisboa, 2006.

Nesse cemitério são realizados sepultamentos em capelas funerárias e no solo.

Cemitério de Carnide, Lisboa, 2005.

Nesse cemitério paisagístico são feitos sepultamentos no solo e em jazigos municipais (columbários).

CEMITÉRIOS COMO FONTE GERADORA DE IMPACTOS

IMPACTOS AMBIENTAIS

A defesa da saúde pública e do meio ambiente impõe a adoção de providências preconizadas pelos órgãos responsáveis. Para além de inadmissível, seria perigoso o abandono de cadáveres à sua sorte, isto é, na natureza, ao relento, aos cuidados das legiões de insetos. Por isso, é obrigatório, após a morte, principalmente por razões sanitárias e ambientais, dar um destino urgente e adequado ao corpo humano morto. Vimos que o homem, ao longo da sua história, tem utilizado várias práticas funerárias como solução para garantir a decomposição ou putrefação cadavérica, para esta não se transformar num foco de infecção.

Durante muito tempo, os sepultamentos no solo não foram feitos de forma a garantir a boa decomposição do cadáver. Isso ainda acontece, em especial, nos países em desenvolvimento. A implantação inadequada de cemitérios horizontais nos quais os sepultamentos são feitos no solo, em simples covas ou em jazigos (caixas enterradas ou semienterradas com células sobrepostas), transformou esse tipo de construção em fonte suspeita de contaminação ambiental. Esses cemitérios podem gerar dois tipos de impactos ambientais: o impacto físico primário e o impacto físico secundário.

Impacto físico primário

O impacto físico primário ocorre quando há contaminação física, química e biológica das águas. A possibilidade de contaminação das águas por microrganismos patogênicos (bactérias e vírus), capazes de transmitir doenças e que podem estar presentes na decomposição de corpos, é aquela que mais preocupa em termos ambientais e de saúde pública.

É remota a possibilidade de contaminação da água de superfície (rios e córregos) por aqueles microrganismos quando ela é dinâmica e aerada. Não temos notícias de pesquisas sobre a contaminação desse recurso por cemitérios.

Há casos de invasão de cemitérios por águas, quando localizados nas proximidades das margens e foz de um rio, resultante da combinação da maré alta e enchente desse curso de água. Uma consequência imediata que poderá ocorrer é a infiltração da água de inundação e a subida do nível da água subterrânea nas sepulturas, provocando um possível retardamento no processo de decomposição de corpos.

No que concerne à água subterrânea (que é passível de ser captada em obras de engenharia, como poços e drenos) de pequena profundidade, também conhecida por aquífero freático ou livre (material geológico poroso, permeável, capaz de armazenar e transmitir água), muito consumida pelas populações de baixa renda por meio de nascentes (afloramento do aquífero freático) e poços escavados ou rasos (feitos manualmente com pá e picareta), é a mais afetada pela contaminação oriunda de cemitérios inadequadamente implantados. Em contrapartida, a água subterrânea de maior profundidade captada por poços tubulares, também conhecidos por poços artesianos, está, em princípio, naturalmente protegida da contaminação. Esta poderá ocorrer se esses poços, perfurados nas proximidades de cemitérios, apresentarem deficiências técnicas de construção ou estiverem localizados em aquíferos vulneráveis, como rochas fissuradas (fenda ou fratura numa rocha) e com canais de dissolução (espaços vazios da ordem do centímetro ou mesmo do metro) típicos dos sistemas cársticos, produzidos pela ação geológica da água subterrânea sobre rochas solúveis. Cerca de 5% a 7% do território brasileiro é ocupado por carste carbonático, constituindo um importante componente nas paisagens do Brasil. Sobre esse carste, existem cemitérios e captações de água subterrânea que exigem uma maior atenção dos órgãos ambientais e de saúde pública.

Os pesquisadores que trabalham com a contaminação da água subterrânea prestam especial atenção ao aquífero freático, unidade temática ambiental mais exposta não só aos riscos de contaminação por cemitérios, mas também aos gerados por outras atividades humanas.

Se desconhecemos a existência de pesquisas sobre a contaminação da água de superfície por cemitérios, no que concerne à água subterrânea, ou seja, ao aquífero freático, existem trabalhos nos níveis nacional e internacional, os quais testemunham que cemitérios mal implantados e operados podem impactar o ambiente, em especial esse aquífero.

Impacto físico secundário

O impacto físico secundário ocorre quando há odores nauseabundos na atmosfera de cemitérios, gerados por gases pútridos oriundos da decomposição de cadáveres. Esse tipo de impacto está relacionado com problemas inerentes à confecção e manutenção das sepulturas.

Uma notícia da *Imprensa Ytuana*, da cidade de Itu, no Estado de São Paulo, de 16 de novembro de 1870, diz o seguinte:

> queixam-se os moradores, vizinhos àquele cemitério, sito no fim da rua do Comércio, das exalações fétidas que saem do mesmo, principalmente em dias calmosos, depois de uma chuva. Essa queixa fazem também os empregados da Estação que por ali passam, tornando-se algumas vezes, insuportável o mau cheiro nas proximidades dos muros que cercam o cemitério.

Esse impacto não ocorre somente nos sepultamentos feitos no solo; pode ocorrer também em cemitérios verticais, quando estes são mal projetados e edificados e não possuem um sistema de drenagem e tratamento de gases e líquidos provenientes da decomposição de corpos ali sepultados.

Os odores nauseabundos da decomposição de cadáveres eram tão perceptíveis nos sepultamentos nas igrejas, que se tornava necessário abrir portas e janelas para o seu arejamento, além da utilização de incensos para disfarçar os maus cheiros. Esse cenário, que caracterizava um impacto físico secundário, foi motivo relevante para que os sepultamentos passassem a ser feitos fora das igrejas, em cemitérios campais.

> O sol ainda não chegou. Uma claridade tênue vai apagando uma a uma as estrelas, e uma brisa leve e rasteira abranda o calor, resvalando nos morros e entrando pelas frestas das madeiras dos barracos. (Romanini, 1990, p. 165)

> Vozinha já está acordada pelo costume, mas aproveita o momento de silêncio antes do dia estourar. A brisa lhe chega como um fantasma saído de seus sonhos. Ela assusta, vira-se na cama. (*ibidem*, p. 165)

Erasmo, cobre teu rosto que o fedor do cemitério tá soprando. (*Ibidem*)

Os principais gases provenientes da decomposição de corpos são o gás sulfídrico, a amônia, o dióxido de carbono, o metano e a fosfina. O odor nauseabundo é causado por alguns desses gases e pelos mercaptanos ou tióis (substância que contém sulfeto de hidrogênio ligado a carbono saturado), sendo mais acentuado nos períodos quentes, após as chuvas, nas regiões tropicais. Às vezes, é possível, às horas mortas, ver-se nos cemitérios uma inflamação espontânea de gases emanados das sepulturas, a que se dá o nome de *fogo-fátuo*. Esse *flash* de pouca duração tem perturbado pessoas mal informadas e supersticiosas.

No que concerne à toxicidade daqueles gases, já no século XIX ela gerou pronunciamentos por parte de químicos franceses, segundo os quais os gases emanados de corpos em decomposição em cemitérios não chegam à superfície do solo com todas as suas propriedades. Foi garantido, categoricamente, que nos cemitérios de Paris a saturação do solo por matéria cadavérica gasosa ou líquida não existe, pois os terrenos apresentam as condições próprias para a absorção dos gases e a transformação dos elementos sólidos e líquidos provenientes da decomposição de cadáveres. Portanto, o solo de Paris, segundo aqueles especialistas, não está envenenado, não mais que sua atmosfera. (Chardoilet, 1881)

Na verdade os gases liberados pelos corpos em decomposição na superfície do solo são elevados e dispersos no ambiente. Em relação aos enterrados em covas, os gases desprendem-se do corpo, escapam das urnas e permeiam o solo onde ocorre a depuração de parte do volume gasoso. O restante atinge, imperceptivelmente, a atmosfera, onde os ventos os diluem e dispersam. No caso dos jazigos com deficiências técnicas de construção e operação, os gases escapam das urnas e podem libertar-se diretamente na atmosfera, sendo por vezes perceptíveis ao olfato. Se os corpos forem enterrados adequadamente, os gases desenvolvidos na decomposição são empregados em novas combinações, restando uma pequena porção que pode espalhar-se indelevelmente pela atmosfera, sem malignidade, em um cemitério aberto e arejado. A propósito, o já citado Ricardo Jorge (1858-1939), um dos maiores vultos da cultura científica portuguesa, chama a atenção para o risco da liberação de gases da decomposição de cadáveres colocados em urnas de chumbo dispostas em jazigos de capela ou família (em maior número nos cemitérios construídos em Portugal no século XIX), pelo fato de o chumbo ser um material poroso, não impermeável e isolador em absoluto:

> Apesar do envoltório, os gases acham porém saída natural através do metal, graças à sua porosidade, ou saída forçada, abaulando a lâmina e rompendo enfim por algum ponto mais fraco; daí um cheiro horrível e o derrame de líquidos infectos. (Simões Ferreira, 2009, p. 1071)

Durante muito tempo, a legislação funerária portuguesa determinou que as inumações em jazigos fossem feitas com os cadáveres encerrados em caixões de chumbo. Problemas ligados ao vazamento de gases levaram à proibição do recurso a caixões de chumbo, adotando-se exclusivamente a folha de zinco (espessura mínima de 0,4 milímetros) para a construção de caixões metálicos. Estes não estão isentos de corrosões, gerando não só a liberação de gases, mas, também, de líquidos.

IMPACTO ESTÉTICO-URBANÍSTICO

Para além dos impactos ambientais, os cemitérios também podem provocar impactos estético-urbanísticos quando esse tipo de construção não está em sintonia com o aglomerado urbano, isto é, com o ambiente construído.

Cemitérios tradicionais

A relação "cemitério-núcleo" urbano não permanece estática ao longo do tempo. A expansão da cidade e o envolvimento do cemitério pela paisagem urbana afetam esta relação, contribuindo para situações de desequilíbrio que provocam a perda de identidade do cemitério.

> A necessidade de salvaguardar o cemitério enquanto elemento patrimonial não pode, todavia, reportar-se apenas ao espaço em si próprio, no sentido de perpetuar o seu valor arquitetô-

> nico e simbólico, mas passa simultaneamente pela criação de condições de promoção e valorização do espaço na sua relação com a envolvência. (Ferreira, 2002, pp. 78-83)

Ocorre que os cemitérios podem representar uma "cicatriz" no panorama urbanístico, quando a coloração cinzenta dos túmulos a céu aberto, os monumentos funerários, as alamedas pavimentadas e a ausência de arborização em nada contribuem para a estética da área urbana onde as necrópoles se situam. Não só impedem o melhor aproveitamento do espaço da cidade, como também podem gerar impactos psicológicos naquelas pessoas que são impressionáveis pelo aparato da morte.

No geral, os cemitérios públicos localizados no centro da cidade, quando foram construídos, situavam-se na periferia do aglomerado populacional. Estão nesse caso, por exemplo, os cemitérios da Consolação e do Araçá, construídos na cidade de São Paulo no século XIX e hoje enclausurados pela mancha urbana. Essa aproximação dinâmica nem sempre respeita a presença do cemitério, que pode passar a representar um risco higiênico e sanitário para a população.

O cemitério de Montmartre, localizado no bairro do mesmo nome, na cidade de Paris, é um exemplo interessante de como o crescimento urbano da cidade invadiu o cemitério, atravessando-o com uma ponte construída em 1880, pela qual passa a rua de Caulaincourt. Debaixo da ponte situam-se túmulos e jazigos de capela, que estão sempre ou quase sempre na sombra. Nesse caso, o cemitério não afronta a cidade por ser uma necrópole bem cuidada em termos ambientais, sanitários e artísticos, onde estão sepultadas personalidades famosas da vida pública e cultural da França. Pode-se dizer que o cemitério de Montmartre é uma mais valia para o bairro com o mesmo nome.

Cemitério de Montmartre, Paris, 2005.
Invasão do cemitério por uma ponte pela qual passa a rua de Caulaincourt.

Cemitério-parque ou jardim

Cremos que, para minimizar os impactos ambientais, estético-urbanísticos e psicológicos, surgiu um novo modelo de necrópole, o cemitério-parque, também designado no Brasil por cemitério-jardim ou cemitério-gramado, que tem origem no *lawn cemetery* anglo-americano, do século XX, com grandes espaços verdes, com muita grama e árvores, sendo os sepultamentos feitos em jazigos subterrâneos referenciados por pequenas placas de bronze. Nesse tipo de cemitério não existem monumentos funerários, estatuária e nem inscrições, mas somente a natureza.

Esse cemitério se sobrepõe aos tradicionais em termos ambientais, situando-se de forma harmoniosa no contexto urbano por ser uma área verde, menos austero que os cemitérios tradicionais como, por exemplo, o do Araçá e o da Consolação, na cidade de São Paulo. Desse modo, a arte funerária dos velhos cemitérios do século XIX e princípios do século XX está dando lugar, paulatinamente, à natureza. São espaços verdes que parecem mais um jardim do que necrópoles, onde o lugar é tranquilo, propício à reflexão e à comunicação com o ambiente. O cemitério-parque já existe em grande número no Brasil. A maioria deles é particular.

Há opiniões contrárias ao cemitério-parque. Esse tipo de necrópole parece ser o modelo que abre caminho para "o urbanismo funerário da dissimulação, quer dizer, para a estética da desaparição." (Urbain, 1998, pp.144-145) Equivale dizer que eles são invisíveis porque não têm túmulos a céu aberto, cruzes e lápides com inscrições tumulares cuja leitura permite conhecer um pouco da vida política e social da cidade. Contudo, quando não adequadamente implantados e operados, não estão totalmente isentos de problemas ambientais e sanitários, como o risco de contaminação da água subterrânea, da formação de maus odores ou da conservação de corpos.

Em pleno século XVIII, Saint Just (1767-1794), político francês partidário de Robespierre, nas suas Instituições Republicanas, queria que os cemitérios fossem verdadeiros oásis, de risonhas paragens, onde os vivos tivessem prazer em conviver com os mortos, onde as árvores dessem esplêndidas sombras e flores incessantemente renovadas, oferecessem, para além de um ambiente encantador, as condições mais favoráveis à higiene.

Na verdade, os cemitérios devem ser encarados como um projeto de paisagismo adequadamente enquadrado no ambiente natural e urbano.

Outros cemitérios

Na Inglaterra, os ambientalistas defendem os sepultamentos na floresta ou bosque, através do uso de urnas de papelão, cestas de vime ou simples mortalhas de tecido que são usadas como forma de preservar o meio ambiente.

Há mais de 90 locais onde as pedras tumulares e metais são proibidos e uma árvore é plantada em cada sepultura, o que resulta na criação de florestas na zona rural, que são mantidas e protegidas. O objetivo é criar uma floresta natural que, depois de 30 anos, não parecerá um cemitério, mas ainda será um lugar não deteriorado. Por lei, cada sepultura deve ser registrada com o nome de seu ocupante. O custo daquele sepultamento ecológico e alternativo parece estar muito aquém dos custos das práticas funerárias tradicionais.

No Brasil, vem ocorrendo grande interesse pelos cemitérios verticais, não só pela iniciativa privada, mas também pelo setor público. São edifícios implantados acima do solo, de um ou mais pavimentos ou andares dotados de lóculos ou câmaras destinados a sepultamentos. Na realidade, parecem prédios de apartamentos. Como forma de controlar possíveis impactos ambientais, torna-se necessário que os lóculos sejam feitos de materiais impermeáveis, que impeçam a passagem de gases e de líquidos oriundos da decomposição de cadáveres. Os gases devem ser drenados e sujeitos a tratamento ambientalmente adequado antes de alcançarem o exterior. Um exemplo de um cemitério vertical é o Memorial Necrópole Ecumênica, o mais alto do mundo, segundo o *Guinness Book of the Records*. Esse cemitério, que está localizado na cidade de Santos, conta com mais de 14 mil lóculos distribuídos em 14 andares.

Os ambientalistas são da opinião que os cemitérios verticais são a melhor alternativa para atender à necessidade das cidades, em razão do crescente aumento da população, além de constituir a única opção ecologicamente correta para não degradar o meio ambiente, não perturbar a estética urbana e não contaminar o solo e o aquífero freático.

A falta de espaço nos grandes aglomerados urbanos para construir novos cemitérios horizontais traz de volta o costume medieval. Nas apertadas cidades da Idade Média, era comum haver cemitérios verticais de até seis metros de altura. Esses cemitérios são os columbários, construções funerárias verticais, normalmente implantadas acima do solo, no interior de cemitérios tradicionais. A palavra columbário, do latim *columbariu*, entre os antigos romanos, era um edifício escavado na rocha ou subterrâneo e guarnecido de nichos destinados a receber urnas com cinzas. Atualmente, os columbários também passaram a ser usados para sepultamento de cadáveres. São construções funerárias com forma de um paralelepípedo reto, com o comprimento que se desejar, e uma altura com três ou mais filas sobrepostas de câmaras. A prática do sepultamento em columbários está difundida nos países do hemisfério norte e já é comum no Brasil. Nos municípios de Santos e São Vicente e no litoral norte paulista podem ser vistos cemitérios implantados na área litorânea com sepultamentos por inumação (no solo) e em columbários. Esses edifícios foram construídos, principalmente, para resolver o problema da carência de espaço para o enterramento e aumentar a vida útil de cemitérios.

Os columbários, quando inadequadamente implantados, com deficiências técnicas de construção, podem gerar impactos ambientais, como a contaminação do aquífero freático e a presença de odores nauseabundos na atmosfera, decorrentes de líquidos e gases provenientes da decomposição de cadáveres.

Nos columbários, o compartimento destinado ao sepultamento é designado por lóculo ou câmara, enquanto que, nos cinerários, tem o nome de nicho. Em Portugal, o termo columbário é usado para designar os jardins destinados à inumação de cinzas sem identificação. Na Espanha, aqueles jardins são designados por Jardins da Memória, que podem ser vistos em vários cemitérios, como o da Almodena, localizado em Madri (o maior cemitério de Espanha), onde foi inaugurado um recinto em 1998 para dar resposta ao aumento da demanda da cremação.

É evidente que o crematório não é um cemitério, embora possa estar localizado no interior de uma necrópole. É o lugar onde se faz a cremação, sendo esta a incineração de um cadáver, processo de tratamento de um corpo morto até reduzi-lo a cinzas, que podem ir parar num cinerário ou simplesmente lançadas na natureza ou num gramado localizado no interior de um cemitério. Historicamente, há registros de cremação de corpos na Palestina (4 mil anos a.C.). Essa prática foi utilizada na Antiguidade Clássica (Grécia e Roma) por razões higiênicas e para proteger o defunto dos ladrões e profanadores dos túmulos. Segundo os historiadores, a cremação na Grécia foi praticada muito antes do período homérico, tornando-se preponderante na Época Clássica. Com a Revolução Francesa, em 1789, também preocupada com o saneamento na França, surgiu um movimento com o objetivo de implantar a prática crematória nos países ocidentais, que só ocorreu no século XIX com a instalação dos fornos crematórios em alguns países. A mudança de atitude da Igreja Católica e a evolução das mentalidades têm contribuído para o crescimento da cremação. Segundo informações, os suíços são os que mais usam a cremação na Europa, que é de 85% dos falecidos nas cidades e de 50% nas vilas e aldeias.

No Nepal, reino asiático situado no Himalaia central, contrariando as leis vigentes, assim como os costumes religiosos, a inumação é a prática funerária mais utilizada, por causa da escassez da madeira. Já na Índia, na religião hindu, é costume cremar o corpo numa pira funerária, sendo depois as cinzas lançadas no rio Ganges ou num outro rio também sagrado como aquele.

Os defensores da cremação apresentam uma série de razões para a sua prática. Por exemplo, economistas do final do século XIX, partidários da cremação, viam nela uma forma de devolver à agricultura os terrenos usados em cemitérios. A economia de espaço é a grande justificativa dos urbanistas e arquitetos. Graças à cremação, segundo o presidente da Federação Francesa de Cremação, que tem como lema "A terra aos vivos", o Reino Unido economizou em 1967 uma superfície equivalente a 607 campos de futebol. É de registrar que, na França, a cremação não interdita a doação de órgãos e de tecidos humanos, que são retirados para atender a uma verdadeira cadeia de solidariedade. A propósito, nesse país, foi interditado às famílias levar as urnas após a cremação porque as cinzas lançadas no rio Sena, em Paris, contaminavam esse corpo de água. Medidas equivalentes foram tomadas na Alemanha e na Austrália. Na Espanha, certos regulamentos municipais interditaram a livre disposição das cinzas. Por exemplo, na aldeia do Rocio, situada na Andaluzia, sul da Espanha, onde ocorre anualmente a romaria mais famosa desse país, a Câmara Municipal de Almonte (Huelva) cogitava aplicar sanções econômicas a quem jogasse cinzas no solo dessa aldeia sem prévia autorização da referida Câmara.

Segundo os estudiosos, o espalhamento de cinzas reflete o desenvolvimento cada vez maior da secularização das sociedades, na quais as cerimônias fúnebres representam "uma realização retrospectiva da identidade", isto é, celebram a vida que passou e colocam os restos mortais num lugar simbólico desse passado.

Diante da preocupação mundial com o aquecimento global, a cidade de Boras, na Suécia, recupera o calor emitido pelo seu crematório para reciclá-lo no aquecimento urbano. Em Bâle, na Suíça, o mesmo princípio é aplicado para o aquecimento do centro funerário que abriga o crematório. Para além do interesse ambiental dessa prática, há também o econômico.

Para aqueles que temem pelo impacto ambiental dos fluidos usados no embalsamamento de corpos que são sepultados ou de resíduos oriundos da cremação, uma companhia sueca oferece uma alternativa que é o congelamento a seco do morto em nitrogênio líquido. Posteriormente, vibrações sonoras transformam os restos congelados em pó que pode ser devolvido à natureza sem maiores danos.

A cremação é hoje uma opção escolhida por muitas pessoas como alternativa ao enterramento tradicional. Entretanto, parece ter os seus inconvenientes: lança na atmosfera quantidades significativas de óxidos de carbono, dioxinas e outros contaminantes, além do mercúrio volatilizado a partir das pastas com as quais se fazem as obturações dentárias.

Enquanto a indústria funerária estuda o alcance daqueles riscos e procura soluções para minimizá-los, novas técnicas são pesquisadas visando a manter as vantagens da cremação, reduzindo o impacto no meio ambiente. Uma proposta é a hidrólise alcalina, que reduz em oito vezes as emissões de dióxido de carbono. Essa técnica "é nova no sistema de disposição humana", ainda que uma outra parecida esteja regulada pela União Europeia para animais. A referida técnica está sendo usada em alguns estados americanos e tem o interesse de vários países europeus.

Proprietários de uma empresa Suíça, recorrendo aos seus conhecimentos de química e física, tornaram possível a conversão das cinzas de pessoas falecidas em diamantes artificiais. O processo consiste em extrair em laboratório o carbono das cinzas, tratá-lo e transformá-lo em um diamante artificial azul ou claro com reflexos azuis, dependendo das características das cinzas. (Adiós – Revista de Empresas, 2005)

O que aquela empresa faz, na realidade, é acelerar um processo que a natureza consegue em milhares de anos, pondo, assim, à disposição das pessoas interessadas uma "joia" única.

Cabe dizer que a muitos repugna a ideia da cremação, que faz desaparecer de forma rápida e radical o corpo, acabando com a visita ao cemitério, a veneração do túmulo.

Finalizando, para os ambientalistas, urbanistas e defensores da saúde pública, se a cremação gerar poluição atmosférica irrelevante, se evitar a contaminação do solo e da água subterrânea pelos líquidos cadavéricos, poderá ser considerada uma solução correta, sustentável para o século XXI.

> Uma sinopse da cremação
>
> O Reino Unido foi o primeiro país ocidental a popularizar a cremação. A oposição da Igreja Católica Romana a esse processo levou a que a cremação fosse primeiramente adotada em países protestantes. Em alguns países, como na antiga União Soviética e na China, a cremação era promovida em parte como um instrumento antirreligioso, e também para minimizar o culto dos líderes numa sociedade socialista. Foi o regime nazista que fez o uso mais mediático da cremação, como meio de erradicar dissidentes e populações inteiras, em especial os judeus; nesse contexto, foi usada como um instrumento político, símbolo da violência e da destruição absoluta.
>
> Nos tempos modernos, a cremação foi primeiramente discutida como uma medida anticatólica, na França revolucionária e na Alemanha de meados do século XIX. Também foi debatida como uma medida de saúde pública durante a epidemia de cólera na Inglaterra da década de 1840.

A existência de forças que se opunham ao catolicismo e de alguns maçônicos na Europa resultou, em 1886, na proibição, pela Igreja Católica Romana, da cremação dos católicos. Assim, a cremação foi primeiramente introduzida em regiões protestantes. O primeiro país da Europa Continental a popularizar a cremação, antes de 1939, foi a então recém independente Tchecoslováquia, parcialmente protestante.

A Segunda Guerra Mundial conduziu a uma maior secularização na sociedade e à uma ainda maior simplificação dos rituais fúnebres. Em 1944, a Igreja da Inglaterra encorajou a cremação. Esta foi ainda mais estimulada quando a Igreja Católica retirou a sua proibição relativamente à cremação, em 1964. Esta atitude conduziu à sua difusão em países com população católica.

JUPP, Peter C. "História da Cremação". *Enciclopédia da Morte e da Arte de Morrer*. Portugal: Circulo Leitores, 2004, pp. 138-142.

O CORPO APÓS A MORTE

MECANISMO BIOQUÍMICO DA CONTAMINAÇÃO

Para entender por que os cemitérios são um risco potencial para o meio ambiente, é preciso conhecer o mecanismo bioquímico da contaminação ou o mecanismo da morte. Segundo os especialistas em medicina legal – Tanatologia –, esse mecanismo é uma sequência de alterações fisiopatológicas e de desequilíbrios bioquímicos que são desencadeados pela *causa mortis*".

O corpo morto, quando sepultado, está sujeito a fenômenos transformativos destrutivos e conservadores.

Fenômenos transformativos destrutivos

O corpo humano sepultado nos cemitérios normalmente está sujeito a fenômenos transformativos destrutivos, dos quais, por razões ambientais e sanitárias, nos interessa a decomposição ou putrefação, que é o processo do apodrecimento da matéria orgânica por enzimas microbianas e pela fauna macroscópica. A decomposição do corpo não é apenas um processo resultante do evento da morte: é necessária a participação ativa de bactérias cujas enzimas, em condições favoráveis, produzem a desintegração do material orgânico. (*ibidem*) As bactérias que promovem a decomposição do corpo, na sua maioria, são as mesmas que, em vida, formam a flora intestinal do indivíduo.

A decomposição de corpos sepultados é um processo lento (de quatro a oito semanas ou mais), retardado em até oito vezes em relação aos cadáveres expostos às intempéries, à ação das aves e de outros animais. Um dos fatores determinantes na decomposição de cadáveres sepultados em cova rasa é a profundidade a que estão sepultados. Se a sepultura for arejada a decomposição é mais rápida. A uma maior profundidade, onde não há ventilação e a presença da "fauna cadavérica" (insetos e larvas) for menor ou ausente, a putrefação será mais demorada.

A decomposição compreende quatro períodos, dentre os quais, também por razões ambientais e sanitárias, nos interessam o gasoso e o coliquativo ou humoroso.

O período gasoso, também conhecido como enfisematoso, é caracterizado pela formação de gases putrefativos nos distintos órgãos e tecidos que se estendem a todo o cadáver. O gás intestinal é um subproduto do metabolismo das bactérias. Quando estamos vivos expelimos esses gases. Entretanto, os mortos, por falta de músculos estomacais e esfíncteres funcionais, não o fazem. Logo, o gás vai acumulando e o corpo incha, sendo mais visível no abdômen em razão da existência de uma maior quantidade de bactérias. (Roach, 2003) Segundo os especialistas em medicina legal, o inchaço progride e provoca o estouro do corpo, liberando gases nauseabundos, que podem atingir a atmosfera. Esse período é curto, dura de uma a três semanas em média duas semanas. Em climas quentes, em que as temperaturas de verão podem atingir valores da ordem dos 38 °C ou mais, o período gasoso da decomposição é rápido, o que não acontece nos climas frios.

No que concerne ao período coliquativo ou humoroso, este é caracterizado pela dissolução pútrida dos elementos celulares e consequente liquefação dos tecidos, resultando na produção de um líquido funerário. Esse período pode demorar meses ou anos, dependendo das condições do cadáver e do meio físico onde está sepultado. Com a formação desse líquido, designado na medicina legal por *liquame funerário* ou *putrilagem* e também conhecido por *necrochorume* (designação dada pelos pesquisadores que investigam a relação meio ambiente e cemitérios, por analogia com o chorume, líquido proveniente da decomposição do lixo doméstico), termina o processo bioquímico da contaminação. Daqui em diante, usaremos o termo necrochorume.

Vários significados têm sido atribuídos à maior ou menor rapidez com que um corpo se decompõe. Em algumas sociedades, em lugares da Grécia rural, por exemplo, procede-se à exumação de forma a verificar em que estado se encontra o processo de separação da alma relativamente ao corpo. O grau de decomposição do corpo é considerado um indicador do ponto em que vai a viagem do morto: um corpo em avançado estado de decomposição representa uma boa jornada para o além-túmulo. Em outras sociedades, os cadáveres que se decompõem lentamente ou que aparentam mudar de forma ou de posição, mas que não se decompõem, são vistos com horror ou temidos como vampiros. (Howart & Leaman, 2004)

A propósito, existe nos fundos do Centro Médico da Universidade do Tennessee, nos Estados Unidos, um bosque que é uma unidade de investigação que parece ser única no mundo, dedicada ao estudo da decomposição humana, no qual estão cadáveres doados, deitados no chão, a céu aberto, para serem observados e estudados. É uma contribuição para o desenvolvimento da ciência forense. Esse laboratório ao ar livre é visitado diariamente por alunos que querem aprender e profissionais que querem saber mais sobre as etapas biológicas e químicas da decomposição no que concerne ao tempo de duração e ao modo como são afetadas pelo meio ambiente.

É evidente que o cheiro da decomposição será sempre incomodativo até para os mais habituados a frequentar a referida unidade de investigação.

Fatores que interferem na decomposição

Um conjunto de fatores pode acelerar ou retardar o processo putrefativo. Uns são intrínsecos, pertinentes ao cadáver, como, por exemplo, a idade, composição em gordura e a causa de morte; outros extrínsecos, de caráter ambiental. Em relação a estes, destaque-se a temperatura, a umidade, a ventilação e o solo como aqueles que muito interferem na decomposição do cadáver.

Segundo a literatura especializada, a temperatura ambiente é indispensável no processo putrefativo, que pode ocorrer acima de 0 °C e até 100 °C. Temperaturas entre 15 °C a 25 °C, porém, são as mais favoráveis. As temperaturas de 100 °C e daí para cima produzem a decocção ou incineração, conforme as circunstâncias a que se sujeitar o cadáver. Abaixo de 0 °C gelam-se os líquidos e o cadáver conserva-se nesse estado. (Dias, 1963) Por isso, nos climas do hemisfério norte a decomposição do corpo é retardada no inverno. O corpo humano contém, em média, 10 kg de proteínas, 5 kg de gorduras e 0,5 kg de carboidratos. Observações e análises de difusão do oxigênio estimaram que a bio-oxidação desses elementos requeria um tempo aproximado de 10 anos para um sepultamento feito à profundidade de 2,50 metros, em solo predominantemente arenoso, sob as condições climáticas da Holanda (Reino dos Países Baixos), isto é, em temperaturas frias, em que a decomposição ou putrefação é mais lenta. (Van Haaren, 1951)

Em regiões tropicais, onde há temperaturas quentes durante grande parte do ano e alto grau de umidade, como acontece no Brasil, a decomposição é rápida, durando aproximadamente dois anos.

A umidade relativa é importante para o desempenho de microrganismos degradadores de matéria orgânica e a sobrevivência dos mesmos. O excesso de umidade (de origem superficial ou subterrânea) nas sepulturas, assim como o seu déficit, é prejudicial à decomposição, gerando a conservação do corpo. As águas oriundas das chuvas e do escoamento superficial devem ser evitadas através da drenagem natural ou artificial, como forma de garantir a decomposição, evitar problemas de erosão, inundação das sepulturas e afloramento da água subterrânea.

A ventilação ou aeração de cadáveres nas sepulturas propicia a atuação de microrganismos aeróbios, acelerando a decomposição. Esta é mais rápida nos sepultamentos aeróbios, feitos em cova simples, do que nos jazigos, columbários e cemitérios verticais, onde os corpos estão confinados em lóculos ou câmaras.

No que concerne ao solo, a escolha adequada deste é fundamental na implantação de cemitérios horizontais, de modo a garantir a decomposição normal e o desaparecimento do corpo (segundo as regras de higiene pública) e a preservação do meio ambiente.

Informações de caráter pedológico mostram ser a camada superior (terra vegetal), aquela onde se desenvolve a mais intensa atividade microbioquímica, a que tem a melhor capacidade de oxidação. Como consequência, seria a mais favorável para a decomposição de cadáveres. Por várias razões, como a presença de animais escavadores, higiene pública e confinamento de produtos de decomposição, torna-se necessário enterrar os corpos a maiores profundidades.

Há solos que dificultam a decomposição, como os argilosos, que são porosos, impermeáveis ou pouco permeáveis à água e ao ar, mas bons para proteger a água subterrânea da contaminação. O cadáver sepultado nesses terrenos fica praticamente isolado numa espécie de compartimento que não deixa passar os produtos da decomposição e impede a subida das exalações pútridas à superfície. Outros solos, como as areias permeáveis, facilitam o processo por meio da ventilação da sepultura, mas, em contrapartida, podem propiciar os impactos ambientais. O solo do cemitério parisiense dos Inocentes, já citado, tinha a fama de consumir os cadáveres ali sepultados com grande rapidez. Diante dessa "virtude", quem não podia ser ali sepultado pedia que um pouco da terra daquele cemitério fosse colocada em seu caixão.

Consistindo a inumação no sepultamento ou enterramento de cadáveres na terra, para que lá se realize a decomposição, há que fazer uma criteriosa escolha dos solos destinados à implantação de cemitérios no que concerne à sua natureza, composição e características, de modo a impedir a insalubridade do local com efeitos perniciosos para a saúde pública e o meio ambiente.

Fenômenos transformativos conservadores

Sob determinadas condições ambientais podem ocorrer, principalmente nos cemitérios horizontais, fenômenos transformativos conservadores, com destaque para a mumificação e a saponificação.

A mumificação compreende

> todos os processos naturais ou artificiais empregados para a conservação do corpo ou de uma parte do corpo: dessecação ao ar, ao sol ou ao fumo, com ou sem evisceração, revestimento com materiais plásticos, enchimento de cavidades, embalsamamento por injeção com substâncias conservadoras. (Bayard, 1993, p. 270)

A mumificação natural ou espontânea aparece em condições de clima quente, seco, com cerca de 6% de umidade relativa do ar e temperatura acima dos 40 ºC. Esse fenômeno está relacionado com a ausência de umidade suficiente para permitir o desenvolvimento dos germes putrefativos. Ademais, ocorre, por vezes, o arejamento intensivo do local onde o cadáver se encontra, a elevação da temperatura e a facilidade que o terreno pode ter na absorção do líquido que do cadáver surge. (França, 1985)

A escritora brasileira Cecília Meireles (1980), na sua *História Quase Macabra*, diz:

> Aquele senhor contou-me que conhece um lugar cujas condições climáticas mumificavam os cadáveres enterrados, sem necessidade de qualquer embalsamamento. Ele esteve nesse lugar, como turista, quando se podia já visitar um museu subterrâneo onde os antigos mortos se apresentavam intactos em seus corpos e em seus vestidos (Meireles, 1980, p. 73).

Corpos mumificados pelas condições naturais são abundantes nos desertos do Saara, de Góbi, do Atacama e outras regiões áridas da Terra. Os Incas, cujo Império se estendia desde o Equador ao centro do Chile (séculos XII e XIII) mumificavam, naturalmente, a grande maioria de seus mortos, colocando-os na areia ou numa caverna, acocorados, mirando o horizonte. Em geral, os corpos eram postos em fardos, que são casulos de algodão, uma prática muito comum no Peru. Também, no agreste brasileiro, a 219 quilômetros da cidade do Recife, foram encontradas mais de 80 múmias com dois mil anos de idade, embrulhadas em esteiras e enterradas em posição fetal. A mumificação natural foi propiciada pelas condições naturais do semiárido brasileiro.

Como curiosidade, não são raros os cadáveres preservados pelo sal de minas, como o Homem de Sal de Zanjan, no Irã, do qual foram encontrados apenas a cabeça e um pedaço inferior da perna, morto há 1.800 anos. Sobre a ação do sal e as condições de vida e morte dos mineiros das salinas de Sodoma, o escritor francês Michel Tournier diz:

> (...) seu corpo foi juntar-se aos que o haviam precedido na grande salgadeira, entregues ao sódio que trabalha infatigavelmente a dessecar a carne, a matar todos os germes de putrefação e a transformar os mortos, primeiro em bonecas de pergaminho rígido, depois em estátuas de vidro translúcido e quebradiço. (Tournier, 1990, p. 269)

A profundidade da cova de sepultamento também tem influência na conservação do cadáver. Profundamente enterrados, os corpos tornam-se *arida et sicca* (áridos e secos) e são conservados como "carnes defumadas", o que equivale dizer que os mesmos são naturalmente mumificados. (Ariès, 1977, vol. II, p.81)

Os solos ricos em nitrato de potássio também podem propiciar a mumificação em razão da ação antisséptica desse sal. Por outro lado, os corpos inumados em solos calcários podem estar sujeitos a um processo de fossilização por causa da substituição catiônica do sódio e potássio pelo cálcio.

Mas a mumificação de cadáveres não ocorre apenas nos cenários mencionados. Corpos sepultados em criptas funerárias, sob o chão das igrejas, foram mumificados por certas condições ambientais. "Tinham todas as condições técnicas adequadas à preservação das múmias. A temperatura nessas criptas é bastante baixa, havendo pouca diferença entre as temperaturas no inverno e no verão, de modo que lá é muito fácil conservar o corpo humano". (Pringle, 2002, p. 209) São conhecidos conventos em cujas criptas existem corpos mumificados, por exemplo, o dos capuchinhos em Roma e o de Palermo, na Sicília.

Por outro lado, centenas de corpos em excelente estado de mumificação foram encontrados nos pântanos do norte da Europa, transformados em cemitérios aquáticos. Essa conservação se deve ao tanino, relativamente abundante nos vegetais que impregnam a turfa, rocha formada em áreas permanentemente embebidas de água, de preferência sob condições de clima frio, formando um meio ácido e pobre. O tanino é uma substância utilizada no curtimento de couros para torná-los não putrescíveis.

Aquela conservação permitiu explicar alguns mistérios que envolviam a morte de muitos corpos ali sepultados. O Homem de Tollund (400-300 a.C.), cuja múmia está no museu de Silkerborg, na Dinamarca, e que foi jogado num pântano depois de ter sido estrangulado com uma corda por seus contemporâneos, é um exemplo e motivo de grande admiração em face de sua excelente conservação. O Homem de Tollund é o mais bem preservado de todos os antigos corpos dos pântanos da Europa. (*Ibidem*)

Outro exemplo fascinante é a múmia de uma menina de cabelos ruivos encontrada num charco de turfa, em 1897, na localidade de Yde, no norte da Holanda. Os investigadores que analisaram a múmia chamaram-na de "Menina de Yde". Ela repousa no museu holandês de Assen. Datações por carbono radioativo feitas num pedaço de pano de sua roupa permitiram à perícia concluir que aquela menina era muito velha. Ela teria sido torturada no fim da Idade do Ferro (800-0 a.C.), último estágio tecnológico da era cultural da Pré-História. (*Ibidem*)

Qual a razão do grande número de corpos nos pântanos do norte da Europa? Terão sido as pessoas escolhidas e jogadas nesses pântanos para sacrifícios humanos ou repudiadas por outras razões? Muitos arqueólogos acreditavam que os antigos homicídios eram uma versão da pena capital na Idade do Ferro. Existem várias explicações históricas, como a de Tácito (século I), magistrado romano de alto escalão, que estudou os hábitos e costumes das tribos germânicas que foram dominadas por Roma durante a expansão do Império para o norte. Segundo Tácito, "covardes, desertores e homossexuais, eram afogados sob gaiolas de vime em pântanos e charcos". (Pringle, 2002, p. 106) Alguns estudiosos do assunto não acreditam nessa versão.

Independentemente das possíveis causas que levaram à morte aquelas pessoas, em todo o norte da Europa, onde quer que existam pântanos musgosos que funcionam como cemitérios aquáticos, os cortadores de turfa tropeçam em corpos que foram mumificados pela ação da natureza, pela alquimia secreta desses pântanos. (*Ibidem*)

Cadáveres sepultados em lugares gelados também podem mumificar-se. Temos como exemplo a múmia do homem do Tirol, encontrada casualmente nos Alpes italianos, em 1991, e que revelou detalhes sobre a vida na Europa há 5 mil anos. Um outro exemplo são os corpos gelados da Sibéria, que são motivo de estudos intensos no âmbito da arqueologia, antropologia e etnologia funerária.

Segundo os especialistas em medicina legal, a mumificação, independentemente de causas naturais, também pode ocorrer nos corpos cuja causa de morte tenha sido a intoxicação por substâncias químicas que impedem a proliferação microbiana, como o arsênico, a estricnina, o antimônio e outras. Talvez seja a razão pela qual, por vezes, são exumados corpos mumificados em cemitérios localizados em áreas onde não existem condições ambientais para uma mumificação natural.

O cadáver mumificado conserva seus caracteres morfológicos, fica com uma cor escurecida, a pele retrai-se, o corpo perde peso pela desidratação e desengorduramento e assume o aspecto de múmia. O peso corporal fica reduzido em 50% a 70% do inicial. A mumificação é de grande importância para a área forense por causa da preservação dos tecidos, o que ajuda na identificação pessoal e no reconhecimento das feridas.

As múmias exercem uma grande fascinação sobre certos profissionais, que se interessam por esses corpos conservados. Estão, nesse grupo, especialistas em arqueologia, patologia e antropologia física, que buscam, como detetives, esses corpos para as suas finalidades e, periodicamente, reúnem-se em congressos onde o tema são as múmias, para aí trocarem informações e discutirem seus achados científicos e seus projetos futuros. Se para o grande público as múmias não interessam de forma direta, mas apenas para serem visitadas e admiradas em museus, para aqueles pesquisadores os corpos conservados são de grande interesse, pois permitem mapear através dos tempos as causas da morte e respectivas doenças.

Os corpos mumificados representam algum risco para o meio ambiente, em particular, para a água subterrânea? Não são conhecidas pesquisas que possam responder cientificamente a essa pergunta.

Na mumificação artificial, que ocorre pela intervenção do homem, os corpos são submetidos a processos de embalsamamento, de modo a ficarem incorruptíveis. Essa prática funerária é uma técnica que faz parte de um conjunto de técnicas como a refrigeração, o congelamento e a conservação transitória, que retardam ou impedem os fenômenos putrefativos. Esse conjunto é conhecido por tanatopraxia e existe porque o homem sempre teve o desejo de salvaguardar aspectos da sua vida terrestre.

Conservar o corpo após a morte tem sido uma preocupação ao longo dos tempos. Para os egípcios, garantir a vida para além da morte era muito importante. A preservação do corpo físico era necessária para a sobrevivência da alma no além. A conservação era conseguida pelo embalsamamento que surgiu entre 4.000 e 3.400 a.C., quando os templos substituíram o sepultamento nas covas. Nessa prática, além da remoção dos órgãos, eram utilizados o natrão (carbonato hidratado de sódio natural), o asfalto, a cera de abelha e produtos de cedro. De acordo com cientistas alemães, o guaiacol presente no cedro era o composto responsável pela conservação das múmias. O guaiacol é um dos compostos da resina que funciona como selante das superfícies, impedindo que estas sejam contaminadas por microrganismos.

Heródoto, o historiador grego conhecido como o pai da História (cerca de 480 a 425 a.C.), foi quem, pela primeira vez, descreveu as práticas da mumificação pelos egípcios e classificou as múmias em três classes, segundo a qualidade da técnica. Nem todos os egípcios eram mumificados, mas somente aqueles que tinham recursos financeiros para pagar por alguma técnica de embalsamamento e, assim, garantir a vida eterna. A família do defunto encomendava ao embalsamador a classe da mumificação, que obedecia a uma sequência de etapas, a qual levava à confecção da múmia.

> Junte-se a especulação dos filósofos gregos à técnica aprimorada de embalsamamento de corpos do Egito e o resultado disso

> é o nascimento secreto de toda alquimia, que séculos mais tarde se desenvolveria em meio aos árabes, para retornar ampliada à Europa renascentista. (Urbain, 1998, p. 251)

Na Europa, a partir do século XV, surgiu o embalsamamento com o fim da conservação. Este foi difundido simultaneamente com as pompas das exéquias reais. Foi uma maneira de querer mostrar que a realeza não morre, que a mesma é incorruptível.

Nos Estados Unidos, o arsênico (elemento tóxico e proibido a partir de 1910) foi usado como ingrediente no embalsamamento dos soldados mortos durante a Guerra Civil (1861-1865), com o objetivo de enviá-los às suas terras, onde foram sepultados em urnas de madeira ou contêineres metálicos que podiam degradar-se ou entrar em corrosão. As vantagens do embalsamamento assumiram especial atenção, quando o presidente Abraham Lincoln (1809-1865) foi embalsamado (depois de ter sido assassinado) para a longa viagem fúnebre de Washington até Springfield, no Estado de Illinois.

Considerando que o embalsamamento não é perene, o arsênico é um elemento básico que não muda ou se degrada, e que, de acordo com hidrogeólogos americanos, deverá permanecer no corpo sepultado ou se mover no ambiente pela ação das águas de infiltração. Ainda segundo eles, a conclusão lógica leva a crer que é possível ter ocorrido a contaminação da água subterrânea pelo arsênico nos antigos cemitérios americanos.

(Williams; Konefes, 1992) O arsênico é tóxico e o trióxido de arsênico é um dos mais poderosos poluentes ambientais.

Estudos preliminares feitos num grande cemitério americano no noroeste de Ohio, inaugurado em meados de 1800 e ainda em atividade, mostram a presença de zinco, cobre, chumbo e ferro no local e em profundidade nas zonas de sepultamento. O aumento vertiginoso de arsênico indica a contaminação por fluidos do embalsamamento de corpos sepultados nesse cemitério, antes da proibição do uso desse elemento químico. Segundo os autores, esses estudos justificam a preocupação com a qualidade do solo, da água subterrânea e da água de superfície. (Sponberg, 2000)

Os modernos processos do embalsamamento implicam na remoção dos fluidos corporais e a sua substituição por formaldeído ou formol, um químico conhecido, que atrasa o processo da decomposição. Nos Estados Unidos o embalsamamento é obrigatório para todos os cadáveres que não são cremados. Cerca de dois milhões de corpos são enterrados embalsamados a cada ano naquele país. Isso significa enterrar em algum lugar sete milhões de galões de formaldeído, anualmente. (Cook, 1999) Já nos cemitérios brasileiros, os corpos embalsamados não são frequentes.

O embalsamamento é uma prática corrente em diversas culturas e sociedades. Contrariamente ao que acontecia com os corpos mumificados no Antigo Egito, ou com os corpos preservados em turfeiras, durante milênios, o moderno embalsamamento arterial não preserva o corpo eternamente. Apenas serve para que a decomposição seja contida por algum tempo. A única exclusão ocorre com os corpos de pessoas célebres ou de políticos, que podem ser embalsamados e, repetidamente, sujeitos a tratamentos de conservação. Para os especialistas, a múmia mais bem conservada do mundo é a de Evita Perón, mulher de Juan Domingo Perón, que foi presidente da República Argentina. A técnica usada no embalsamamento foi a retirada total da água do corpo e a substituição desta por cera. A múmia de Evita repousa no cemitério de La Recoleta, em Buenos Aires.

Modernamente existem outras técnicas audaciosas de conservação artificial visando à imortalidade física do homem, como a criogenização, a liofilização e a clonagem. Uma outra forma de conservação artificial do corpo é a plastinação, técnica desenvolvida há algumas décadas pelo anatomista Gunther von Hagens, no Instituto de Anatomia de Heidelberg, na Alemanha. Gunther substituiu substâncias orgânicas de corpos humanos mortos por materiais plásticos, como silicone, resina de epóxi e poliéster, o que permite que os elementos do corpo adquiram plasticidade, permanecendo maleáveis, inodoros e secos. Além de uma excelente contribuição para o estudo da anatomia, a técnica é considerada por uns como uma arte e, por outros, um atentado à dignidade do ser humano.

Naturais ou artificiais, as múmias antigas trazem para a atualidade informações preciosas para a ciência médica, antropologia, história e arqueologia. Por meio de corpos mumificados é possível conhecer os hábitos e costumes desses povos, assim como as causas responsáveis por sua morte. O estudo médico das múmias egípcias permitiu saber que aquele povo padecia de anemia crônica, causada pela malária produzida pelo mosquito que proliferava nos pântanos do rio Nilo.

Finalmente, cabe a pergunta: os corpos embalsamados podem contaminar o ambiente, em especial a água subterrânea ou aquífero freático? Segundo os especialistas no assunto, os reagentes químicos usados no embalsamamento são tóxicos ou cancerígenos. Nos Estados Unidos, onde grande número de corpos embalsamados são anualmente sepultados nos cemitérios, sua deterioração pode ter provocado o aparecimento de resíduos de formaldeído no aquífero freático dessas necrópoles e seu entorno. Esse elemento químico proveniente das sepulturas não foi considerado preocupante.

Insistimos: o formaldeído é realmente um risco para a água subterrânea? Scott Hill, diretor para as águas em Riverton, Utah, nos Estados Unidos, acredita que sim. Em 1997, por causa de suas preocupações com o formaldeído, opôs-se, sem êxito, a um projeto de construção de um cemitério a montante de poços de captação de água para a cidade. Entretanto, a Agência de Proteção Ambiental dos Estados Unidos (EPA) considerou o formaldeído, depois de avaliado, como suspeito de causar câncer em humanos.

No que concerne à saponificação (também conhecida por adipocera – gordura branca, mole, quebradiça, que se forma nos diversos tecidos e órgãos dos cadáveres), é um processo transformativo conservador que consiste na mudança química da gordura corporal, por meio da hidrólise, em um composto ceroso similar aos sabões. Segundo os estudiosos do assunto, a ocorrência do fenômeno obedece, principalmente, a duas exigências ambientais: cadáver mergulhado em água parada ou de pouca corrente; cadáver inumado em solo argiloso (poroso, impermeável ou pouco permeável). Algumas condições individuais também desempenham papel importante na formação da adipocera como, por exemplo, a idade e a obesidade.

Para alguns pesquisadores, gordura e água sozinhos não produzem a saponificação. Esta é facilitada por organismos putrefativos, com destaque para o *Clostridium welchii* e pela invasão *post mortem* dos tecidos por bactérias endógenas. Para outros, a umidade existente no local onde o corpo está enterrado num caixão, por si só, pode ser suficiente para gerar a adipocera.

Heather Pringle (já citada), autora do excelente livro sobre *O Mundo das Múmias*, fala sobre um gerente de uma companhia inglesa especializada em transportar antigos corpos exumados de antigos lugares de sepultamento para outros locais distantes. Segundo a autora, aquele gerente, ao longo da sua atividade, havia visto tudo sobre os corpos embolorados e os esqueletos. E Pringle conta:

> Um sujeito sombrio, melancólico, já avançado na meia-idade, contempla os corpos de mulheres jovens reduzidos a montes

> cinza claros de adipocera, a substância saponácea que se formava à medida que a gordura se decompunha na água. Ele vira caixões empapados de necrochorume, o líquido escuro que se forma a partir da carne em putrefação e vira esqueletos a rir despudoradamente enquanto traziam pendentes farrapos de roupa e pedaços de carne humana. Testemunhara muitas coisas sobre as quais não tinha vontade de falar. Mas o que realmente o impressionara não foram os mortos a apodrecerem, mas os corpos preservados há séculos com que ele e sua equipe às vezes se deparavam nos úmidos e chuvosos cemitérios ingleses. (Pringle, 2002, p. 194)

A saponificação é frequente nos cemitérios localizados em todas as latitudes, principalmente nos sepultamentos em covas simples e em jazigos subterrâneos. O afloramento da água subterrânea na sepultura simples e a infiltração de água de chuva e regadio são as causas que propiciam a saponificação de corpos. No que concerne aos jazigos subterrâneos, a saponificação é decorrente da infiltração da água superficial (inadequadamente drenada) nos jazigos deficientemente fechados e impermeabilizados.

O jornal *Folha de São Paulo*, em 04 de março de 1990, na página do caderno Cidades (C-3), noticiou a exumação do corpo de uma mulher que tinha sido enterrado há dois anos no cemitério de Vila Formosa, localizado na zona leste do município de São Paulo. Segundo o jornal, o cadáver estava sepultado em terreno argiloso, perto de uma mina de água, preservado, saponificado. Nesse cemitério, implantado na bacia sedimentar de São Paulo, as inumações são feitas em cova rasa. A bacia é formada por sedimentos predominantemente argilosos, com lentes de areia que formam aquíferos suspensos (situados entre a zona não saturada e a zona saturada), muito próximos à superfície, propiciando a saponificação dos cadáveres aí inumados, como consequência do ambiente encharcado.

No novo cemitério de Carnide, implantado na cidade de Lisboa, em Portugal, com excelente ambiente paisagístico, as inumações são feitas em jazigos municipais e no solo, porém, durante algum tempo, as inumações no terreno foram suspensas por causa da ocorrência da conservação dos corpos ali sepultados. Presume-se que a conservação era do tipo saponificação, possivelmente relacionada com deficiências na drenagem das águas de chuva e regadio.

A ocorrência dos fenômenos conservadores em cemitérios, além de poder ser um risco de contaminação do aquífero freático, gera problemas na execução do programa de reuso periódico das sepulturas não perpétuas. É uma questão preocupante nos cemitérios com elevados índices de inumação e a carência de espaço físico para implantação de novas necrópoles. Isso acontece com os cemitérios municipais periféricos dos grandes centros urbanos brasileiros.

Em geral, a formação da adipocera leva de cinco a seis meses após a morte. Outros pesquisadores sugerem mais tempo para mudanças substanciais, como um ano após a imersão ou três anos após o sepultamento do cadáver. Este, quando saponificado, fica com um aspecto untuoso, com odor de queijo rançoso, característico da adipocera.

Alguns autores são de opinião que, pelo fato de os corpos saponificados conterem umidade e gordura, eles podem armazenar bactérias e vírus e, consequentemente, apresentar um risco de contaminação para o aquífero freático. No entanto, não conhecemos nenhuma pesquisa nesse sentido.

A saponificação cadavérica tem grande importância médico-legal e pericial, pois permite a identificação do corpo pelos traços fisionômicos e pelas impressões digitais. (Dorea, 1995). É um fenômeno conservador quase sempre decorrente da implantação inadequada de cemitérios.

Ainda sobre a conservação de corpos, em alguns países da África, os baobás adultos foram utilizados – ou continuam sendo – como túmulos por algumas comunidades. Segundo a lenda, quando os mortos são sepultados no interior do baobá (depois de ter sido escavado o seu conteúdo), a sua alma vive enquanto a árvore viver. O baobá tem uma vida muito longa, entre 1 e 6 mil anos. Mas o que é o baobá? É uma árvore de grande porte, proveniente das savanas africanas e regiões semiáridas de Madagascar, simplesmente divulgada no século XX pela obra *O Pequeno Príncipe*, do escritor francês Antoine de Saint-Exupéry. Possui um tronco muito espesso na base, chegando a atingir nove metros de diâmetro e 30 metros de altura, e possui a capacidade de armazenar, em seu caule gigante e fibroso, até 1.200 litros de água. Por tal razão, é designada por "árvore garrafa" e utilizada em algumas regiões do continente africano como cisterna comunitária.

O ambiente úmido dos baobás pode propiciar a conservação de corpos aí sepultados. Não temos nenhuma notícia nesse sentido, mas é possível que tenham ocorrido casos de saponificação de corpos sepultados nessas condições.

O autor do livro, na sua infância, teve intimidade com os majestosos baobás de Angola, cujo nome significa "árvore mil anos", sendo também conhecidas naquele país por "embondeiros" (do quimbundo, *mbondo* + *eiro*). Essas árvores, símbolo do continente africano, são conhecidas pelo nome científico de *Adansonia digitata,* na África Central e no sul da África. Elas têm uma grande fruta lenhosa, com a forma de uma abóbora, chamada pelos indígenas de "múcua", cuja polpa branca (muito saborosa) e as fibras têm larga aplicação como medicamento. Derrubar um embondeiro em Angola é um sacrilégio.

O poeta pernambucano João Cabral de Melo Neto, no seu livro de poemas com o título de *Agrestes*, fala num baobá na parte norte do Recife, que não é túmulo, como os da África. Antes do Descobrimento, o baobá não pertencia à flora brasileira. Existem algumas hipóteses para explicar a sua existência em Pernambuco. A mais plausível é que tenha sido trazido no século XVII, por Maurício de Nassau, durante a ocupação holandesa, para fazer parte do seu jardim botânico privado.

Se a mumificação natural ocorre por déficit de umidade, a saponificação é consequência do excesso de umidade. Para que a putrefação ocorra, é necessário ter umidade relativa que propicie a ação de microrganismos degradadores da matéria orgânica.

Para além dos fenômenos conservadores citados, outros ocorrem também por causas naturais, como a coreificação e a petrificação. (Vanrell, 2007)

A coreificação ocorre em cadáveres conservados em urnas metálicas, em especial, de zinco galvanizado, hermeticamente seladas. O ambiente criado dentro da urna inibe, parcialmente, a decomposição do cadáver, que toma o aspecto, a cor e a consistência uniforme do couro.

A petrificação ocorre com a infiltração nos tecidos do cadáver por sais de cálcio. Há uma calcificação generalizada que dá ao corpo um aspecto de pedra, daí o nome de petrificação. Esta ocorre quase que exclusivamente nos embriões ou fetos mortos.

Concluindo, em algumas sociedades ocidentais, como o Reino Unido, a decomposição do corpo é o fator que determina a opção mais frequente pela cremação, enquanto nos Estados Unidos o embalsamamento é a forma preferida de retardar o processo da decomposição.

MECANISMO DA CONTAMINAÇÃO DA ÁGUA

A implantação e a operação inadequadas de cemitérios horizontais representam um sério risco de contaminação para o aquífero freático, principalmente por necrochorume, liberado na decomposição de corpos sepultados. O risco é maior nos sepultamentos feitos diretamente no solo, em covas simples, que podem ser vistas nos grandes cemitérios públicos brasileiros.

Cemitério de Itaquera, zona leste, São Paulo.
Foto de Francisco Carlos da Silva, 2007.

Nesse cemitério a inumação é feita em cova rasa em áreas acentuadamente declivadas, podendo propiciar erosão pluvial.

Somos constituídos por 70% de água e por uma série de elementos químicos, dentre os quais, alguns aparecem em concentrações elevadas em certas regiões do organismo.

A quantidade de necrochorume proveniente da decomposição de cadáveres é variável e depende do seu peso. Por meio de um cálculo teórico e considerando vários parâmetros, foi avaliado que um corpo de 70 kg libera um total de 45 litros de líquido durante a decomposição. Trata-se de um valor teórico, pois, na realidade, forma-se uma grande quantidade de produtos, alguns voláteis, determinando uma diminuição na quantidade total desse líquido. (De la Cuesta, 1986) Por isso, é difícil quantificá-lo. O necrochorume é uma solução aquosa de cor castanho acinzentada, viscosa, de cheiro forte, rica em sais minerais e substâncias orgânicas complexas e biodegradáveis, como a cadaverina e a putrescina. Não se sabe muito sobre a composição desse líquido em relação à carga microbiológica. Em razão de sua composição química, é provável que sejam encontrados números elevados de bactérias degradadoras de matéria orgânica e bactérias que são excretadas por humanos e animais, como a *Escherichia coli*, *Enterobacter*, *Klebsiella* e *Citrobacter* (que formam o grupo coliforme total), entre outras. Pode ocorrer também a presença de microrganismos patogênicos (bactérias e vírus), transmissores de males, como a febre tifoide, paratifoide, hepatite infecciosa e outros.

Para além da possibilidade de transportar microrganismos, o necrochorume pode também conter componentes químicos, que se encontram em diferentes concentrações na matéria orgânica em processo de decomposição. Também podem estar presentes, nesse líquido, elementos químicos dos vernizes sintéticos usados na madeira tratada das urnas funerárias, que são colocadas na terra e demoram muitos anos para se decompor. Podem ser encontrados, ainda, resíduos hospitalares provenientes de tratamentos quimioterápicos e outros.

A toxicidade química do necrochorume diluído no aquífero freático está relacionada com os teores anômalos de compostos das cadeias do fósforo e do nitrogênio, metais pesados (que podem ser oriundos dos vernizes, das colas, das tintas e das alças metálicas das urnas) e aminas.

Comportamento do necrochorume no solo

Os especialistas são da opinião de que o perigo do necrochorume deve-se principalmente à sua patogenia, isto é, à presença de germes infecciosos nesse líquido, capazes de transmitir doenças. Consequentemente, a atenção daqueles pesquisadores vai para a carga biológica que o líquido funerário pode transportar. No contexto da patogenia, o maior risco está na presença de vírus.

A tendência do necrochorume gerado pela decomposição da matéria orgânica ao vazar da urna para a sepultura é infiltrar-se verticalmente no solo com a ajuda de águas superficiais e de infiltração. Dependendo das características do terreno (granulometria e quantidade de argilas) e da profundidade do nível do aquífero freático, a carga contaminante do necrochorume poderá ser ou não eliminada.

O solo tem naturalmente um papel preponderante na retenção de microrganismos (bactérias e vírus). Essa retenção é uma combinação de dois efeitos, o da filtração mecânica e o da adsorção ou fixação.

As bactérias, ao contrário dos vírus, são suficientemente grandes para que a filtração mecânica, pelos poros do solo, retarde o seu movimento. Isso acontece, por exemplo, com um solo arenoso de baixa permeabilidade. Entretanto, um solo arenoso permeável pode favorecer a passagem de bactérias da sepultura para a água subterrânea.

Em relação aos vírus, os quais são de menor dimensão que as bactérias, estes estão sujeitos ao mecanismo da adsorção ou fixação devido à presença de cargas elétricas na superfície das partículas minerais que constituem o solo ou matriz do aquífero. Normalmente, materiais compostos por minerais de argila são mais eficazes na retenção e retardação das partículas viróticas. No entanto, esse mecanismo pode não ser permanente, ou seja, os vírus podem eventualmente se desagregar das partículas sólidas, retornar à solução e continuar o seu movimento na água subterrânea.

Concluindo, convém lembrar que os sepultamentos no solo são feitos, normalmente, no manto de alteração da rocha, isto é, no material desintegrado e decomposto. Nesses terrenos a capacidade de retenção mantém uma relação inversa com a permeabilidade. Assim, a infiltração de um contaminante em um terreno arenoso se faz com velocidades maiores do que aquela que ocorre nos terrenos argilosos, isto é, os processos de retenção de microrganismos são mais eficientes nos solos argilosos que nas areias de granulometria média a grosseira. Em contrapartida, como já foi dito, os solos argilosos não são recomendáveis para a implantação de cemitérios horizontais, porque propiciam a conservação do corpo sepultado.

Extravasamento do necrochorume de sepulturas em cova rasa. Cemitério de Vila Nova Cachoeirinha, São Paulo, 2000.

Contaminação da água subterrânea

Quando o cenário ambiental não for favorável à eliminação de substâncias e de microrganismos provenientes de cadáveres, são estabelecidas condições propícias à contaminação da água subterrânea ou do aquífero freático. Essa contaminação será facilitada pela ação das chuvas, que farão uma lavagem das sepulturas e o transporte vertical do necrochorume através do solo com a sua carga química e biológica contaminante. Quando essa carga entra no aquífero freático, isto é, na zona saturada, é transportada pelo fluxo hidráulico subterrâneo que tem um sentido essencialmente horizontal, deslocando-se das zonas de recarga para as zonas de descarga. Adicionalmente, pode ocorrer uma atenuação dos contaminantes, em razão da diluição que resulta da dispersão no fluxo ou do estabelecimento de reações químicas com a água.

Em termos gerais, esse é o modelo ocorrente nos cemitérios onde os sepultamentos (mais frequentes) são feitos em cova simples ou rasa.

Entretanto, se a água do aquífero fluir contaminada pelo necrochorume da área interna para a área externa do cemitério e for captada em nascentes ou em poços escavados, as pessoas que fizerem uso dessa água na atividade doméstica correrão sérios riscos de saúde. Alguns casos históricos registrados mostram a contaminação da água subterrânea destinada ao consumo humano pelo necrochorume proveniente da decomposição de corpos em cemitérios. Destaca-se a incidência de febre tifoide entre as pessoas que viviam nas proximidades da cidade de Berlim, na segunda metade do século XIX e, sem menção de data, o ocorrido na cidade de Paris, onde água subterrânea malcheirosa e de sabor adocicado, em especial nos períodos de estiagem, foi captada em poços situados nas proximidades de cemitérios. (Bower, 1978) Por outro lado, sanitaristas correlacionaram na década de 1970, que a endemia de febre tifoide em comunidades francesas se devia à localização de cemitérios em relação às fontes de abastecimento de água. (Person, 1979)

Os poços escavados são usados pelas populações de baixa renda que, muitas vezes, aglomeram-se em favelas sem saneamento localizadas nas proximidades de necrópoles, expostas às águas de escorrência superficial oriundas do interior dessas construções, e a males provocados pela fauna que prolifera nos cemitérios.

No estudo da água subterrânea em cemitérios, os parâmetros microbiológicos têm um papel muito importante. Do ponto de vista da saúde pública, os aspectos sanitários devem ser adequadamente considerados estudando o comportamento dos indicadores de contaminação de origem fecal, bem como das bactérias patogênicas. Os indicadores de contaminação mais comumente utilizados são os coliformes, principalmente o grupo dos coliformes fecais ou termotolerantes, bem como os estreptococos fecais.

Além desses, outros indicadores têm sido propostos para avaliação da qualidade das águas por Martins e outros (1991), como:

- os **clostrídios sulfito redutores**, bactérias formadoras de esporos, sendo, portanto, mais resistentes às condições ambientais adversas, permanecendo por longo período de tempo no solo. Por esses motivos, são indicadores de poluição remota;
- os **colífagos**, vírus que parasitam bactérias do grupo coliforme, podendo ser utilizados como indicadores indiretos da presença de microrganismos patogênicos. Já foram relacionados, em outras pesquisas, com a possível presença de enterovírus nas amostras estudadas.

Para evidenciar o risco da presença de microrganismos patogênicos na água subterrânea, tem sido também utilizada a determinação de *Salmonella*. Neste gênero encontram-se bactérias responsáveis pela febre tifoide e por infecções gastrointestinais de grande importância para a saúde pública.

Para avaliar as condições higiênicas, têm sido propostos os coliformes totais e as bactérias heterotróficas aeróbias. Normalmente não têm sido utilizados outros possíveis indicadores da presença de matéria orgânica, como proteínas e lipídeos, em água. Contudo, as bactérias proteolíticas e lipolíticas são comumente estudadas na microbiologia de alimentos como decompositoras de carnes e outros produtos de origem animal. (*Ibidem*)

Para as pesquisas feitas no Brasil em cemitérios públicos, foram escolhidos representantes dos indicadores de contaminação fecal, de um patógeno, e de dois grupos de bactérias decompositoras da matéria orgânica que participam do processo de decomposição de corpos, utilizadas para verificar se os microrganismos estão sendo carregados das sepulturas para a água subterrânea. A contagem padrão de bactérias anaeróbias e aeróbias também foi realizada.

A análise dos dados obtidos no estudo da qualidade bacteriológica da água subterrânea nos cemitérios públicos brasileiros mostra que a profundidade do nível do aquífero freático e as condições geológicas do meio, quando não são adequadas, representam um risco de contaminação para esse recurso.

Doenças de veiculação hídrica

A água é um elemento da natureza indispensável à sobrevivência do homem e de outras formas de vida. A ingestão desse líquido, degradado na sua qualidade, pode veicular doenças.

Em Londres, no ano de 1854, centenas de pessoas morreram em um dos mais violentos surtos de cólera da cidade. Muitas das casas usavam água de poço localizado na esquina das ruas Cambridge e Broad, pois nessa época não existia água encanada. O médico John Snow, considerado o pai da epidemiologia, sem conhecer a causa do cólera (a bactéria *Vibrio cholerae* só seria descoberta em 1886) e sem dar atenção às explicações da época (de que a doença emanaria de cadáveres de epidemias anteriores e se espalharia pelo ar), analisou friamente o padrão de ocorrência da doença, postulou que ela teria origem na água contaminada, testou sua hipótese bloqueando o poço e demonstrou que esta estava correta, abortando o surto. (Reinach, 2008)

A propósito de epidemias anteriores, a Europa foi assolada por pestes sucessivas que provocaram grandes mortandades. O livro *Um Diário do Ano da Peste*, de autoria de Daniel Defoe, informa sobre a grande peste bubônica que assolou Londres, em 1665, e dizimou grande parte da população daquela cidade. Defoe conta que os inúmeros cadáveres diários eram conduzidos e enterrados em fossas comuns sem os mínimos cuidados sanitários.

> O carro trouxe dezesseis ou dezessete cadáveres, alguns envoltos em lençóis de linho, outros em trapos, quase nus ou tão mal cobertos que os panos se soltavam enquanto o carro jogava os corpos, que caíam seminus entre os outros. Isso não tinha muita importância e ninguém se incomodava com a indecência pois estavam todos mortos e tinham que ser enterrados juntos na vala comum da humanidade, como poderíamos chamá-la.

> Não havia outra maneira de enterrá-los, nem poderia haver, pois não se conseguiriam caixões suficientes para prodigiosa quantidade de gente que sucumbiu naquela calamidade. (Defoe, 2002, pp. 78-79)

Ainda segundo Defoe:

> Era um buraco horripilante, mas não resisti à curiosidade de vê-lo. Pelo que melhor pude calcular, tinha cerca de quarenta pés de comprimento, quinze ou dezesseis de largura e, no momento que olhei, cerca de nove pés de profundidade. Disseram que cavaram quase vinte pés numa parte da vala, até não poder ir mais fundo devido à água... (Defoe, 2002, p. 75)

Os corpos sepultados naquelas condições nas igrejas paroquiais londrinas foram um risco de contaminação para a água subterrânea, que era captada, em algumas igrejas, por poços instalados no adro das mesmas e utilizada pela população. Por outro lado, os enterramentos em valas encharcadas devem ter propiciado a saponificação de cadáveres. Essa situação também se repetiu em outros países europeus que foram atingidos pela peste.

Depois do que foi dito, é importante evidenciar que a falta de esgotamento sanitário é a principal causa de degradação dos recursos hídricos, especialmente nos países em desenvolvimento. Por ano morrem mais de 3 milhões de pessoas por causa de infecções provocadas pela ingestão de água superficial e subterrânea contaminada pelas atividades humanas. As crianças são as grandes vítimas. Dois milhões morrem por ano devido a problemas diarreicos e cólera. No continente africano, que parece ter o maior índice de mortalidade infantil, cerca de 15% das crianças morrem anualmente pela ingestão de água superficial e subterrânea contaminada por esgoto.

No que concerne ao Brasil, o sistema de água potável tem um grande desafio a resolver, que é a contaminação desse recurso por falta da universalização dos serviços de coleta e tratamento de esgoto. No país, tem-se de 85% a 90% dos esgotos domésticos e cerca de 70% dos efluentes industriais lançados nos corpos de água, sem nenhum tipo de tratamento. Estima-se que a contaminação atinja 70% das águas de rios, lagos e lagoas. (Bio-Revista Brasileira de Saneamento e Meio Ambiente, 2009)

Os cemitérios, como laboratórios de decomposição de corpos, também podem contaminar o ambiente, particularmente a água subterrânea, por coliformes fecais e microrganismos patogênicos, como bactérias e vírus. Portanto, cuidados devem ser tomados na implantação de necrópoles, levando também em consideração a distância destas mesmas em relação aos mananciais de superfície e aos poços de captação da água subterrânea.

As águas contaminadas por esgoto e por microrganismos oriundos da decomposição de cadáveres inumados em cemitérios são um problema de saúde pública.

Cabe informar que a maioria de microrganismos patogênicos entéricos morre rapidamente fora do intestino humano. Contudo, o tempo de sobrevivência dos diferentes grupos bacterianos é variável. Um conjunto de fatores influi na sobrevivência e no transporte de microrganismos no ambiente, como a temperatura, o pH, a precipitação pluviométrica, o teor de umidade do solo, a atividade microbiana, a concentração de matéria orgânica presente e as características do terreno.

Em geral, as bactérias sobrevivem por mais tempo em temperaturas baixas, em solos mais úmidos, com menor atividade microbiana, em ambiente mais alcalino e com maior quantidade de matéria orgânica. Os vírus também são mais persistentes em temperaturas mais baixas; alguns sofrem inativação na presença de atividade microbiana, mas outros são protegidos pela adsorção, podendo sobreviver por mais tempo. Os vírus são mais persistentes em ambiente mais úmido e em pH próximo do neutro. Como consequência, os solos com alto teor de umidade e levemente alcalinos são os mais favoráveis para a sobrevivência de microrganismos.

Julga-se que, na maioria dos casos, o tempo de sobrevivência de microrganismos no ambiente é de dois a três meses, apesar de terem sido observados períodos de sobrevivência de até cinco anos, em condições ideais. (Romero, 1970)

Algumas bactérias podem sobreviver por mais de 400 dias na água subterrânea, tendo sido detectadas populações de coliformes fecais a distâncias superiores a 2,5 km da sua fonte.

Esse cenário deve ter ocorrido porque o conjunto de fatores responsáveis pela retenção de microrganismos mostrou-se vulnerável, o que permitiu o transporte dos mesmos pela ação do fluxo hidráulico subterrâneo.

Finalmente, lembramos que a contaminação da água subterrânea, isto é, do aquífero freático, por microrganismos patogênicos, principalmente por vírus, e a possível ingestão destes pela população por meio da água de poços rasos e nascentes, é o maior risco que os cemitérios podem gerar para o ambiente e a saúde pública. Entre as doenças que podem ser adquiridas pela ingestão da água contaminada, destacam-se a febre tifoide, febre paratifoide, cólera, disenteria bacilar, amebíase, enteroinfecções em geral, hepatite infecciosa, giardíase e poliomielite.

Água subterrânea

A água subterrânea existe abaixo da superfície do terreno e circula nos espaços vazios chamados poros, existentes entre os grãos que formam os solos e as rochas sedimentares. Em alguns tipos de rocha, a água flui por fraturas, que são superfícies obtidas por rupturas decorrentes da movimentação da crosta terrestre.

Quando a água da chuva se infiltra no solo, passa por uma camada de terreno chamada de zona não saturada (ZNS) ou zona de aeração, onde os poros são preenchidos por água e por ar. Parte da água infiltrada no solo é absorvida pelas raízes das plantas e por outros seres vivos, ou evapora e volta para a atmosfera. O restante da água, por ação da gravidade, continua em movimento descendente, acumulando-se em zonas mais profundas, preenchendo totalmente os poros e formando a zona saturada (ZS). O limite de separação entre a zona não saturada e a zona de saturação é designado por nível freático ou nível de água.

A água armazenada e que circula na zona saturada é chamada de água subterrânea e tem como principal fonte de recarga as águas da chuva ou meteóricas.

A água subterrânea ocorre em reservatórios denominados de aquíferos, caracterizados por camadas ou formações geológicas permeáveis, capazes de armazenar e transmitir água em quantidades que possam ser aproveitadas como fonte de abastecimento para usos múltiplos.

Os aquíferos podem ser classificados, quanto às suas características hidráulicas, em freáticos ou confinados, dependendo da pressão a que estão submetidos.

O aquífero freático ou livre está mais próximo da superfície, onde a zona saturada tem contato direto com a zona não saturada, ficando submetido à pressão atmosférica. A água de infiltração no solo recarrega diretamente esse aquífero.

O aquífero confinado é limitado no topo e na base por camadas de rocha de baixa permeabilidade, como argila, folhelho (rocha sedimentar de granulação fina com tendência a se dividir em folhas) e outras. Nesse caso o aquífero está submetido a uma pressão maior que a da atmosfera.

O aquífero freático, o mais superficial, é o que preocupa em termos de contaminação da água por cemitérios e outras atividades humanas. Com efeito, os contaminantes químicos e biológicos que vão parar no solo podem atingir esse aquífero.

A água subterrânea, que representa 97% da água disponível para consumo no planeta, é uma fonte importante de abastecimento. Tem grande uso na irrigação, na indústria e no consumo doméstico, sendo, normalmente, captada por poços e drenos.

No Brasil, cerca de 61% da população se autoabastece com água subterrânea, sendo 43% por meio de poços tubulares, 12% por meio de fontes ou nascentes e 6% por meio de poços escavados ou cacimbões. No estado de São Paulo, 80% dos municípios são abastecidos total ou parcialmente por água subterrânea, uma população que corresponde a mais de 5,5 milhões de habitantes. Por essa importância estratégica, o recurso precisa da atenção especial dos órgãos públicos e privados, visando a protegê-lo não só dos contaminantes presentes no lixo, esgoto, efluentes industriais e outros, mas, também, oriundos de cemitérios.

As atividades urbanas, industriais e agropecuárias podem afetar a qualidade física, química e biológica da água subterrânea rasa (aquífero freático ou livre) e profunda que pode disseminar os respectivos agentes contaminantes, ampliando a abrangência da área atingida. Para evitar que isso ocorra é necessário um trabalho multidisciplinar para prevenção, controle e gestão das áreas de saneamento, saúde e meio ambiente.

MEIO AMBIENTE E CEMITÉRIOS

REGISTRO HISTÓRICO

Aqui, será feito um registro histórico resumido de pesquisas e informações conhecidas, no âmbito da contaminação, na relação entre meio ambiente e cemitérios.

A partir do momento em que o homem adotou a vida sedentária e foram sendo construídas e disseminadas as aldeias, vilas e cidades, bem como as suas atividades, naturalmente surgiram os primeiros impactos ambientais. Um dos mais graves, senão o mais grave, tem sido o lançamento do esgoto *in natura* nos corpos hídricos. Na atualidade, a falta de esgotamento sanitário é, nos países em desenvolvimento, a grande responsável pelo elevado número de internações hospitalares e de óbitos.

Na Antiguidade, os romanos herdaram dos etruscos a percepção da importância de consumir água limpa. Eles não tinham o conhecimento científico sobre a causa das doenças e epidemias. Mas acharam saudável evitar a ingestão da água do rio Tibre (que recebia esgoto) e passar a consumir água subterrânea de poços e transportar água à distância por aquedutos.

Os antigos romanos, preocupados com a salubridade das cidades, procuravam dar cumprimento à Lei das Doze Tábuas, em que se prescrevia "que nenhum morto seja inumado nem incinerado no interior da cidade". (Ariès, 1977, vol. I, p. 41) Igualmente, o Código de Teodósio proibia o uso dos solos da cidade de Constantinopla para tais fins: "Que todos os corpos encerrados em urnas ou sarcófagos, no solo, sejam retirados e colocados fora da cidade". (Ariès, 1977, vol. I, p. 41)

Parece que a lei, ao determinar a retirada de urnas e sarcófagos para fora da cidade, mostra uma preocupação com a questão sanitária e o "planeamento formal do território". (Stewart, *apud* Simões Ferreira, 2009, p. 49)

> Diz-se ter sido a civilização romana a primeira que criou a cidade dos mortos, um local onde os mortos foram separados dos vivos. Assim, o planeamento formal do território existiu para os mortos, antes ainda de a cidade, como um todo, ter sido abordada de forma semelhante. (*Ibidem.*, p. 49)

Na Idade Média, as epidemias que avassalaram a Europa eram explicadas pela teoria dos miasmas (matéria orgânica em decomposição, além de águas estagnadas e pútridas que corrompiam o ar) ou consideradas pelo clero como punições divinas por causa dos pecados praticados pelo homem. O florescimento das cidades medievais, a falta de saneamento e a melhoria das condições de comunicação entre as diferentes regiões foram responsáveis por epidemias sucessivas, com destaque para a peste bubônica e a cólera, cujos surtos vitimaram milhões de pessoas. Relatos falam nas filas de cadáveres às portas das casas e nas ruas, à espera de serem recolhidos. Estes eram colocados em carroças lotadas e transportados para os cemitérios, onde eram sepultados em valas comuns e muitas vezes jogados nos rios.

No século XIV, Paris, com mais de 100 mil habitantes, viu metade da sua população desaparecer com a peste bubônica, a mais temida, causada pela bactéria *Yersinia pestis*. Os cemitérios não podiam receber os 800 cadáveres que apareciam todos os dias. O que fazer com eles? Valas comuns aqui e ali os esperavam, sem os devidos cuidados sanitários, constituindo um risco de contaminação para o meio ambiente, em particular para a água subterrânea.

Na Idade Média, os sepultamentos eram feitos nas igrejas (símbolo maior e apoio da organização social e cultural da época), até que, por razões higiênicas e sanitárias, no século XVIII, as inumações passaram a ser feitas em cemitérios campais localizados nas periferias urbanas. Muito cedo, S. João Crisóstomo (354-407 d.C.) se pronunciou de uma maneira crítica, sem que esta tivesse efeito sobre a prática da inumação nas igrejas:

> Zela porque nenhum sepulcro seja edificado dentro da cidade. Se se colocasse um cadáver onde dormes e comes, o que não farias? E todavia colocas os mortos (*animam mortuam*) não onde dormes e comes mas sobre os membros de Cristo... Como se podem frequentar as igrejas de Deus, os santos templos, quando aí reina um odor horrível? (Ferreira, 2009, p. 50)

Vimos que um édito do rei Luís XVI, da França, de 1776, interditou as inumações nas igrejas e em outros edifícios. O Cemitério dos Santos Inocentes, na época, o maior e o mais popular da cidade de Paris, que recebia pobres e ricos havia oito séculos, foi desativado em 1780, pelo seu risco potencial de doenças. Como já foi dito, a água dos poços localizados no quarteirão onde o cemitério estava situado era imprópria para consumo, por causa das infiltrações de líquidos provenientes de seu interior. A propósito do cemitério dos Inocentes, o filósofo francês Voltaire (1649 - 1778) escreve:

> É um vasto recinto consagrado à peste. Os pobres, que morrem com muita frequência de doenças contagiosas, são aí enterrados sem nenhum cuidado especial; os cães vêm com frequência roer suas ossadas, que exalam um ar espesso, cadavérico e infecto, especialmente pestilento com o calor de verão, depois das chuvas. (Ragon, 1981, p. 329)

Entretanto, o regulamento dos cemitérios e funerais, de 12 de junho de 1804, interditou, definitivamente, as inumações nas igrejas e cidades francesas e a menos de 35 a 40 metros dos limites urbanos. Posteriormente surgiram os cemitérios do Père-Lachaise, de Montmartre e de Montparnasse, implantados na periferia da cidade de Paris, de modo a "proteger os vivos da poluição dos mortos". (Ragon, 1981, p. 329) Como o decreto do 23 prairal, ano XII (21 de maio de 1804), proibia qualquer sepultura dentro de uma cidade, isso implicava na demolição imediata desses três cemitérios, que foram envolvidos pelo crescimento de Paris. Consequentemente, para atender ao decreto, Georges Eugène Haussmann, o prefeito do Sena (de 1853 a 1870), nomeou uma comissão para procurar à volta da cidade por lugares próprios para implantação de novos cemitérios. Os três engenheiros que redigiram o relatório (entre eles, Belgrand, o criador dos esgotos parisienses) começaram por condenar os três cemitérios intramuros (Père--Lachaise, Montmartre e Montparnasse). Segundo a comissão, esses três cemitérios urbanos infectavam a água subterrânea (aquífero freático) pela infiltração de materiais orgânicos em decomposição. A água passava sob bairros populosos.

> Os poços destes bairros situados a jusante do aquífero freático vindo dos cemitérios recebem água completamente contaminada e isto é tanto mais prejudicial para as famílias pobres, pois essa água é usada em diversas atividades domésticas, inclusive para beber. (Ragon, 1981, p. 329)

Belgrand sustentava com veemência o perigo dos cemitérios muito próximos da periferia, que provocavam a contaminação da água dos poços. Segundo ele, "no cemitério do Père Lachaise, os mortos são enterrados na água... O solo chega a um estado permanente de infecção". (Ragon, 1981, p. 329)

Aquela era a estratégia de Haussman e seus colaboradores para fechar os cemitérios existentes em Paris e substituí-los pela criação do cemitério único de Méry-sur-Oise. Como também já foi dito, o projeto de Haussman não foi adiante.

A campanha iluminista (movimento cultural dominante na Europa durante os séculos XVII e XVIII) para a extinção do sepultamento nas igrejas e a criação de cemitérios civis na periferia das cidades, embora com atraso, também fez vingar em Portugal os seus objetivos, com destaque para a saúde pública. Realmente era chegado o tempo de "enterrar os mortos e tratar dos vivos", expressão atribuída ao Marquês de Pombal, quando do terremoto de Lisboa de 1755.

Vejamos as consequências imediatas daquele terremoto. Sebastião de Carvalho e Melo, o marquês de Pombal, como secretário de Estado, chamou a si o comando das principais providências a serem postas em prática diante da tragédia que assolou a cidade de Lisboa. Uma das principais delas inquiria o patriarca D. Tomás de Almeida sobre onde enterrar tantos corpos. "Sua Majestade manda remeter a V. Eminência as cópias das ordens que acaba de expedir ao duque regedor. Nelas verá V. Eminência que falta a eleição das sepulturas que não podem retardar sem outro gravíssimo perigo." O documento prescrevia a abertura de fossos de grande altura onde seriam lançados os cadáveres, tal como já fora praticado em diferentes países castigados com o flagelo da peste.

A historiadora Mary del Priore conta que havia outras considerações médicas a serem levadas em conta. Duarte Rebelo de Saldanha registrava que "miasmas e exalações infectas extraídas da terra" no momento do sismo, saturadas de "partículas vitriólicas, arsenicais, sulfúreas, salitrosas e putrefativas", podiam ter sérias consequências. Elas "alteravam e enfermavam" os corpos com doenças pestilentas ou inflamatórias de caráter

> purpuráceo, exantemático, variólico ou de índole nova, o que provém da diversidade de conteúdos que infeccionam a atmosfera com matérias elevadas nas exalações da terra como insignemente mostra um singularíssimo anônimo. (Del Priore, 2003 p. 175)

Ainda segundo Mary del Priore, as doenças podiam, então, ser tão misteriosas quanto o diagnóstico dos médicos.

Para o médico José Alvarez da Silva, segundo escreve Simões Ferreira (2009), o grande problema que se criara com o terremoto eram as doenças do tipo pestífero, ou seja, as epidemias, que podiam vir a ocorrer se não fosse dado rápido e eficaz tratamento aos cadáveres dos 10 mil mortos que o sismo provocara, embora a gravidade da situação tivesse sido atenuada pelo incêndio que consumira uma boa parte desses cadáveres. É essencialmente com esse objetivo, de "evitar o envenenamento do sangue através da respiração de ares pestíferos", que denuncia "o grande dano a que se expõem os homens enterrando nos templos os cadáveres, especialmente de doenças malignas". (Alvarez da Silva *apud* Simões Ferreira, 2009, pp. 385-386)

Quantas vítimas o terremoto de Lisboa terá provocado? Não existe consenso. Alguns contabilizam 30 mil.

Tradicionalmente os corpos eram enterrados nos cemitérios, enquanto os defuntos privilegiados eram sepultados no interior das igrejas, respeitando-se sempre a hierarquia social dos mortos.

No início do século XIX, há uma consciência mais nítida por parte dos portugueses quanto aos perigos resultantes da decomposição dos cadáveres.

> O avanço dos conhecimentos de higiene pública levantava a questão do local mais adequado para o enterramento dos cadáveres, na medida em que era um facto adquirido que a utilização dos espaços das igrejas se tornara uma prática absurda e favorável à degradação do meio ambiente. (Crespo, 1990, pp. 234-235)

Nessa linha, as autoridades resolveram chamar a si a responsabilidade do lançamento de medidas higiênicas, visando ao conjunto de operações respeitantes à morte dos homens, de modo a conseguir a total separação dos cadáveres em relação ao mundo dos vivos. (*Ibidem*)

Jorge Crespo conta alguns casos de denúncia ante a necessidade urgente de se construir um cemitério. Em junho de 1811, os membros da Irmandade do Santíssimo Sacramento da freguesia dos Anjos, em Lisboa, manifestaram aquela necessidade, assim como a falta de sepulturas (covas) na igreja da paróquia. Uma reunião de médicos ocorreu para estudar as características do terreno destinado à construção do cemitério. Eles fizeram as seguintes reflexões:

> A extensão do espaço reservado às sepulturas era maior do que o da Igreja onde antes se depositavam os cadáveres, pelo que era possível alargar o período da reabertura das covas; a qualidade da terra do novo local, ainda que não sendo de natureza calcárea, oferecia melhores condições do que o terreno pertencente à igreja, que não era susceptível de consumir rapidamente os cadáveres; o grau de umidade que o futuro terreno oferecia era valioso para a aceleração do processo de eliminação dos corpos, aspecto que podia ser identificado com o lançamento de cal nas covas; a profundidade das sepulturas eliminava a possibilidade de aparecimento de vapores pútridos à superfície, desaparecendo assim a preocupação com a higiene pública. Assim, considerava-se o novo local como mais propício às sepulturas, desde que se respeitassem alguns pontos: misturar a terra com cal; assegurar às covas a profundidade de seis pés; não reabrir as covas sem que todo o cemitério fosse completo, a fim de que os corpos pudessem consumir-se inteiramente. (*Ibidem.*, p. 236)

Aquele processo que ilustra a preocupação de afastar a inumação dos mortos da proximidade com os vivos, por razões higiênicas, parece ser um dos primeiros a tomar desenvolvimento após a proibição, no ano de 1811, de se enterrarem os cadáveres nos edifícios religiosos.

Há que registrar a preocupação, já naquela altura, com a higiene pública e com o meio ambiente, recomendando-se que os cemitérios deviam ser localizados fora dos aglomerados populacionais, à distância de 600 pés e de acordo com os ventos dominantes. E mais, que os cemitérios deviam situar-se em elevações e afastados de fontes, rios, cisternas e aquedutos para não contaminarem as águas, e que fossem arborizados por ciprestes, amieiros, salgueiros e outras árvores.

A contaminação das águas em Portugal, em épocas passadas, era grave nos grandes aglomerados populacionais, como, por exemplo, a cidade de Lisboa. Ali, os habitantes usavam também água de poços, fontes, cisternas e chafarizes com grandes problemas no que concerne à limpeza.

> A água era a bebida que a população utilizava com mais frequência, se bem que as deficiências apontadas a transformassem, na maioria dos casos, em autênticos focos de infecção. (*Ibidem.*, p. 242)

Aquela realidade – a da contaminação das águas na cidade de Lisboa – confirmava-se quando as autoridades responsáveis por seu controle da qualidade consideravam, em

1802, a necessidade urgente de se fazer as análises das águas oriundas de vários chafarizes. "O panorama dado a conhecer não podia ser mais confrangedor." (Crespo, 1990, p. 244)

Qual terá sido o risco de contaminação para o meio ambiente (em particular para as águas de abastecimento), de cadáveres inadequadamente inumados nos cemitérios paroquiais e nos cemitérios civis? Segundo Jorge Crespo, em 1822, um cidadão de Lisboa, revoltado com os perigos que ameaçavam a saúde pública da maneira como se procedia à inumação de cadáveres no cemitério da Pena, resolveu fazer uma exposição ao intendente-geral da polícia. Vejamos o que se passava num cemitério onde, diariamente, chegavam cerca de 12 corpos, a maior parte dos quais como consequência dos óbitos ocorridos no Hospital de São José (ainda em atividade), que ficava próximo:

> No curto espaço de 40 palmos, pouco mais ou menos, estão insepultos 300 a 400 corpos, digo insepultos, por ser este o modo por que são ali colocados. Chegados que são ali os corpos (...), são arrastados por uma mulher ao sítio que melhor lhe parece e depois que os empilha como sardinha, pés com cabeça uns sobre os outros, são pulvilhados com terra, que não excede 10 cestos de calhao dela. A estes corpos verdadeiramente insepultos, pois que muitos se lhes estão vendo pés, mãos e rostos descobertos, rebentam passados dias os ventres corruptos, formando bolhas de ar tão pestífero que obriga os vizinhos a usarem de perfumes de alcatrão, e outros Antídotos, tendo inutilizadas todas as panelas que lançam para aquele foco de podridão.(Crespo, 1990, p. 240)

Outras denúncias análogas àquela, foram feitas e remetidas à autoridade competente. Podemos concluir que o risco de contaminação das águas de abastecimento por cemitérios deve ter sido muito grande, não apenas em Lisboa, mas, também, em outras cidades e nas áreas rurais.

Os cemitérios como risco de contaminação

As primeiras manifestações de que temos conhecimento sobre um cemitério contaminando água de poços ocorreram no século XVIII e têm relação com o cemitério dos Inocentes, em Paris, que foi desativado por esse motivo em 1780. De 1785 a 1787, foram retirados desse cemitério "mais de dez pés de terra infecta de despojos de cadáveres", onde se "abriram quarenta ou cinquenta fossas comuns das quais foram exumados mais de 20.000 cadáveres com esquifes", que foram transportados para as pedreiras de Paris, posteriormente chamadas de catacumbas, mais de mil carroças de ossadas. (Ariès, 2002, p. 207)

Já citamos Chardoillet neste livro, quando falamos sobre o impacto físico secundário. No livro de sua autoria com o título *Les cimitières sont ils foyers d´infection?*, de 1881, ele informa que, com relação a possíveis alterações das águas, nada de sério foi constatado. Entretanto, admite que, de forma excepcional, podia haver, por um ou outro motivo, casos desfavoráveis, mas que nenhum foi constatado nos cemitérios de Paris. Cita como exemplo a análise química da água de um poço situado no meio do cemitério de Montparnasse, que deu um líquido "de muito boa qualidade".

Bertoglio (1889), diretor dos cemitérios de Marselha, na França, afirma que:

> sempre achou inodora e de sabor agradável a água que se extrai de um poço existente no cemitério de S. Pedro, em Marselha, que os coveiros sempre a beberam sem qualquer inconveniente, e cita um relatório de M. Brun, presidente da Sociedade da Farmácia da Suíça, que analisou as águas dos cemitérios de Genebra. (Bertoglio, 1889, *apud* Direito Mortuário, s/d, p.127)

Ao final do referido relatório, M. Brun afirma, em resumo, que o guarda do cemitério lhe havia dito: "Há 26 anos que bebo exclusivamente desta água; nunca notei que ela fosse má e gozo de boa saúde". (Bertoglio, 1889, *apud* Direito Mortuário, s/d, p.127)

Até meados do século XIX, ainda não se tinha um conhecimento científico sobre os problemas de contaminação ambiental e de saúde pública que um cadáver infectado e mal enterrado poderia provocar. A falta de recursos técnicos e cuidados sanitários na implantação de poços (em geral escavados, para captação de água subterrânea), em relação às fontes de contaminação, assim como a sua manutenção e uso, permite-nos admitir que este recurso, empregado no abastecimento doméstico, tenha sido contaminado por microrganismos oriundos de cadáveres em decomposição nos cemitérios. Como o conhecimento médico-sanitário era incipiente, a contaminação das águas por bactérias e vírus ainda não era conhecida. Na década de 1870, duas escolas contribuíram para a elucidação do papel das bactérias como causadoras de doenças infecciosas: a escola alemã, com Robert Koch (1843 a 1910) e a francesa, com a retomada dos trabalhos de Louis Pasteur (1822 a 1895), interrompidos pela Guerra Franco-Prussiana.

Em épocas passadas, os chamados peritos desconheciam os possíveis impactos que o necrochorume proveniente da decomposição do corpo podia provocar na água subterrânea (aquífero freático) e não dispunham de técnicas capazes de monitorar a qualidade biológica das águas. A preocupação higiênica com a proximidade das necrópoles em relação às comunidades e às águas estava especialmente concentrada nos gases, perceptíveis pelos odores.

Hoje, por meio do conhecimento científico e técnico, sabe-se que o solo tem naturalmente a capacidade de promover a filtração mecânica das bactérias e a fixação dos vírus. Para que isto ocorra é necessário que o solo não seja vulnerável, para que não haja uma degradação da qualidade da água subterrânea por cemitérios ou qualquer outra fonte de contaminação.

Apesar dos casos históricos citados envolvendo a água subterrânea, apenas em meados do século XX se iniciaram estudos mais consistentes.

A primeira pesquisa referente à contaminação de águas por cemitérios parece reportar a 1903, num estudo realizado pelo alemão Matthes. (Rodrigues & Pacheco, 2010)

Na década de 1950, é publicado um trabalho na Holanda por van Haaren e, posteriormente, na década de 1970, é publicado na Alemanha um estudo por Schraps (1972). Segundo o autor alemão, os cemitérios localizados em solos de textura média, com o nível do freático a uma profundidade de pelos menos 2,50 metros e com inumações a uma profundidade de 1,80 metros, deveriam ser igualmente evitados em razão do risco de contaminação da água subterrânea. (Schraps *apud* Rodrigues & Pacheco, 2010)

Na década de 1980, o trabalho do geólogo francês Ottmann (1987) põe em destaque a importância da geologia na implantação de cemitérios, assim como a da geotecnia no que concerne à estabilidade dos solos e ao meio ambiente em geral e à proteção das águas de superfície e subterrâneas. (Ottmann *apud* Rodrigues & Pacheco, 2010)

No Reino Unido foram realizados estudos recentes, quer pela Environmental Agency (1999), quer pelo British Geological Survey (1999, 2001, 2004), sobre a poluição potencial de cemitérios. (Young e outros *apud* Rodrigues & Pacheco, 2010)

No ano 2000, pesquisadores italianos chamam a atenção para a problemática da reutilização dos locais de inumação em países onde ocorre grande adensamento populacional e a tradição de inumar os corpos, associada à falta de espaços disponíveis e solos inadequados para a prática da inumação. (*Ibidem*)

No Canadá (1992), são conhecidos estudos sobre a qualidade do solo e da água subterrânea do cemitério de Mount Pleasant e do potencial de contaminação desse recurso hídrico por preservativos contendo formaldeído. Nos Estados Unidos (1997 e 2000), pesquisas mostram, respectivamente, a contaminação do solo e água subterrânea pelo líquido funerário, a partir de cemitério, e a contaminação orgânica em solos de cemitérios. Ainda nos Estados Unidos, especialistas em hidrogeologia têm manifestado suas preocupações com a possível presença de substâncias químicas (formaldeído) nas águas subterrâneas, nas imediações de cemitérios, onde ocorre a inumação de corpos embalsamados. (*Ibidem*)

Na África do Sul (1993), autores como Fisher e Croukamp, ao estudarem o Cemitério Charlotte Dale, situado a seis quilômetros a sudoeste de Stanger, na costa setentrional de Natal, concluíram que esse tipo de construção representa uma ameaça para o meio ambiente. Sugeriram que futuros planejamentos urbanos devem levar em consideração esse risco, por meio de estudos geológicos e geotécnicos das áreas propostas para a implantação de cemitérios. Naquele país, o Council for Geoscience (Conselho para a Geociência) desenvolveu uma metodologia que tem sido usada na seleção das áreas mais adequadas para a implantação e operação de cemitérios segundo normas sanitárias. (Fisher & Croukamp, 1993)

Na Austrália, Dent e Knight (1998), ao abordarem o tema *Cemeteries: A Special Kind of Landfil. The context of their management* (Cemitérios:Um Tipo Especial de Aterro Sanitário. O Contexto do Seu Gerenciamento), chamam a atenção para a importância do conceito da sustentabilidade nos sepultamentos em cemitérios, no contexto da sua interação com a água subterrânea.

A propósito, na Austrália meridional, o cemitério de Centennial Park já compra créditos de carbono para compensar seu impacto ambiental. Não se trata do primeiro cemitério ecológico daquele país. Lá, o corpo é preparado sem produtos desinfetantes ou químicos, vestido com roupas biodegradáveis e inumado na terra em caixão que deve ser de pinho ou de vime não tratado. Na falta de lápides, um sistema de navegação por GPS foi instalado. Um transmissor é colocado no caixão. Para encontrar o local onde os entes queridos foram enterrados, as famílias podem usar o GPS, ou, de forma mais tradicional, localizarem-se por um mapa na entrada do cemitério.

Na Espanha, é reconhecida a necessidade de se efetuarem mais estudos sobre a questão dos cemitérios e a sua gestão em sintonia com o meio ambiente. Em 2005, fizemos uma visita ao Cementerio del Sur, em Madri, onde tivemos a oportunidade de ver o restauro e a modernização do local no contexto ambiental, sanitário, estético e paisagístico.

Em Portugal, em 1963, sai o excelente livro sobre os cemitérios portugueses, de Vítor Manuel Lopes Dias, com o título *Cemitérios, Jazigos e Sepulturas*. Da obra de Lopes Dias, destacamos a terceira parte, dedicada à "higiene e salubridade nos Cemitérios", que ganha evidência com o despertar do interesse pela questão "meio ambiente e cemitérios".

Também em Portugal, em 1993, de autoria de Francisco Moita Flores, surge o livro *Cemitérios de Lisboa – Entre o Real e o Imaginário*, publicado pela Câmara Municipal de Lisboa. Trata-se de uma obra de natureza essencialmente histórica, sociológica e antropológica, orientada para uma busca da compreensão do significado e simbolismo da morte, dos cemitérios e das artes tumulares. (Flores, 1993)

No âmbito da questão "meio ambiente e cemitérios", e visando a uma dissertação de mestrado, em 2002, foi feito, pela primeira vez, em Portugal, um estudo que permitiu avaliar os riscos de contaminação da água subterrânea por três cemitérios: Querença e Luz de Tavira, no Algarve, e Seixas, no Minho. Na avaliação foram considerados parâmetros físicos, químicos e bacteriológicos.

Os resultados obtidos em Querença não foram conclusivos quanto à influência do cemitério na contaminação da água subterrânea analisada, uma vez que se verificou existir um índice elevado de contaminação, quer químico, quer bacteriológico, em todos os pontos amostrados. Dadas as características do aquífero cárstico captado e o número elevado de fossas sépticas existentes na área, o efeito do cemitério talvez esteja sendo mascarado.

Quanto aos cemitérios da Luz de Tavira e Seixas, as análises bacteriológicas efetuadas indicam a presença de níveis de contaminação elevados, superiores aos encontrados em pontos de amostragem afastados dos cemitérios. (Rodrigues, 2002) Orientei pessoalmente aquele estudo.

Ainda em Portugal, destacam-se mais três estudos: o de Lima e outros (2003), que faz uma abordagem hidrogeológica visando a prever as incidências ambientais associadas à instalação de um cemitério no norte de Portugal; o de Barreira e outros (2008), que investiga as plumas de contaminação provocadas pelo cemitério de Fonte de Angeão, em Vagos, no Distrito de Coimbra; e o de Rodrigues e Pacheco (2010), que pesquisa os riscos de contaminação dos recursos hídricos decorrentes da implantação de cemitérios.

No Brasil, as pesquisas sobre meio ambiente e cemitérios tiveram início no Centro de Pesquisas de Águas Subterrâneas (CEPAS), do Instituto de Geociências da Universidade de São Paulo, onde se tem investigado o risco potencial de contaminação da água subterrânea por cemitérios desde a década de 1980. Há que destacar os estudos feitos nos maiores cemitérios da cidade de São Paulo: o da Vila Formosa (o maior cemitério da América Latina) e o da Vila Nova Cachoeirinha, localizados, respectivamente, nas zonas leste e norte, em contextos geológicos e hidrogeológicos diferentes. As pesquisas confirmaram a contaminação química e bacteriológica do aquífero freático desses cemitérios.

Naquela altura, em face das características geológicas e hidrogeológicas diferentes daqueles cemitérios, também foi estudado o cemitério da Areia Branca, situado no município de Santos, no qual o aquífero freático apresentou a mais alta concentração de bactérias.

Concluiu-se que a análise dos dados obtidos no estudo dos três cemitérios revelou que eles são um risco efetivo, e que a contaminação depende da vulnerabilidade do solo e da profundidade do nível do aquífero freático. (Pacheco, 1991)

Na revisão intensiva da literatura nacional e internacional, feita àquela altura, sobre o impacto microbiológico dos cemitérios na água subterrânea, nada foi encontrado. Logo, concluiu-se que aqueles estudos podem ser os primeiros produzidos no contexto nacional e internacional. Também o uso das técnicas geofísicas de investigação em cemitérios pode ter sido utilizada pela primeira vez com esse fim.

O advogado e consultor ambiental Édis Milaré apresentou, como exposição, um texto com o título *Cemitério e Meio Ambiente* no encontro Funerária Brasil 97, promovido pelo Sindicato dos Cemitérios Particulares do Estado de São

Paulo, em Águas de Lindoia, São Paulo, em 28 de novembro de 1997. O encontro ocorreu para tratar do "destino digno a ser dado aos despojos humanos" e também pôr em evidência "que os cemitérios têm a ver com a qualidade ambiental". (Milaré, 1998, p. 14-20)[1]

Outros trabalhos foram publicados no Brasil, na forma de artigos, de dissertações de mestrado, teses de doutoramento e outros. Todos trouxeram excelentes contribuições para o conhecimento da relação entre meio ambiente e cemitérios. Destaco aqui a pesquisa de Bolívar Antunes Matos no Cemitério de Vila Nova Cachoeirinha, que visou à sua tese de doutoramento defendida no Instituto de Geociências da Universidade de São Paulo. O objetivo principal da pesquisa consistiu em uma avaliação da ocorrência e do transporte de microrganismos no aquífero freático daquele cemitério. (Matos, 2001) Também orientei pessoalmente aquela pequisa.

Finalmente, cabe referir os trabalhos executados por Yoshinaga e outros, apresentados no IX Congresso Brasileiro de Águas Subterrâneas, em 1996, que visaram a avaliar áreas com potencial para implantação do cemitério municipal de Águas de Lindoia, no Estado de São Paulo. Em termos de atividade socioeconômica, a água subterrânea é considerada

---

1 "Doutrinas essenciais – direito ambiental", em Édis Milaré e Paulo Affonso Sena Machado (org.), *Meio Ambiente urbano* (Edição especial comemorativa dos 100 anos da RT. São Paulo: Editora Revista dos Tribunais, 2011), pp. 1085-1093.

a principal fonte geradora de recursos do município, quer como pólo de atração turística, quer como no comércio de engarrafamento de águas minerais. Por isso, a preservação e proteção da água subterrânea são vitais para a sustentabilidade do município. (Yoshinaga e outros, 1996)

IMPLANTAÇÃO E AMPLIAÇÃO DE CEMITÉRIOS

ESCOLHA DO SOLO PARA UM NOVO CEMITÉRIO

De uma forma geral, nos países em desenvolvimento, os cemitérios públicos são fontes suspeitas ou fontes de contaminação. Como forma de evitar que os mesmos possam contaminar a água subterrânea, torna-se necessário projetá-los e implantá-los de forma adequada, levando em consideração, principalmente, os aspectos geológicos, hidrogeológicos e geotécnicos do meio onde se pretende fazer a obra. Desse modo, os cemitérios serão apenas um risco potencial para o meio ambiente. Uma vez em funcionamento, torna-se necessário monitorar a qualidade física, química e biológica do aquífero freático em sua área interna e externa. É um controle importante na gestão ambiental e sanitária de cemitérios.

Consistindo a inumação, principalmente, no sepultamento de cadáveres na terra, há que fazer uma criteriosa escolha do terreno (desde a superfície até a profundidade do nível do aquífero freático) para que a decomposição seja normal e não ocorram os fenômenos transformativos conservadores. A rapidez da putrefação reduzirá o tempo da periculosidade do corpo e, se o solo for de natureza apropriada para esse efeito, resultará que os fenômenos bioquímicos se desenvolverão sem quaisquer danos para o meio ambiente e a saúde pública.

O solo deve possuir os requisitos para filtrar e fixar os microrganismos presentes no necrochorume, além de absorver a matéria orgânica pútrida, sem dcixar que as emanações gasosas apareçam na atmosfera do cemitério, tornando a mesma insalubre à saúde humana.

Há solos que propiciam a decomposição do corpo, enquanto outros são menos propícios. Essa circunstância deve ser atendida. O terreno para a implantação de um novo cemitério tem de ser poroso e permeável, para permitir o fluxo hídrico e a circulação do oxigênio de modo a garantir a presença de microrganismos aeróbios, que ajudarão na decomposição.

Quando se trata de acautelar o estado sanitário das populações e proteger o meio ambiente, há a obrigatoriedade dos responsáveis de selecionarem todas as circunstâncias favoráveis, mesmo que isso represente sacrificar outras soluções mais fáceis.

Vejamos as características de alguns terrenos que devem ser consideradas na escolha do local destinado à implantação de um novo cemitério ou à ampliação dos existentes, para que ocorra a destruição do corpo e a eliminação dos produtos decorrentes.

O **solo arenoso** é formado, frequentemente, por grãos de quartzo, de diâmetro que varia de 0,2 mm a 2 mm. É um terreno leve, solto, cuja permeabilidade deve ser levada em consideração na implantação de cemitérios.

O **solo argiloso** é constituído essencialmente por argila. É um terreno muito poroso, compacto e impermeável ao ar e à água. O cadáver aqui sepultado fica praticamente isolado, numa espécie de compartimento que não deixa passar os produtos da decomposição e impede a subida das emanações à superfície. É um solo impróprio para a implantação de cemitérios, onde a putrefação de cadáveres será longamente retardada. Quando inundado por água, propicia a conservação, ou seja, a saponificação. Outro grave inconveniente da argila é a frequente abertura de fendas ou rachaduras quando perde água ou umidade.

> Ao secar, escancaram-se sulcos desordenados, franqueiam-se portas de saída às emanações pútridas para a superfície, possibilita-se a formação de futuros depósitos de águas, proporciona-se, enfim, a insalubridade pública. (Lopes Dias, 1963, pp. 228-229)

Definitivamente, o solo argiloso exposto à ação da umidade ou das águas, não deve ser utilizado na implantação de cemitérios.

O **solo calcário**, que parece ser um bom absorvente das emanações gasosas, pode propiciar a fossilização incipiente de cadáveres, em razão da troca do sódio e potássio pelo cálcio. Não é conveniente implantar cemitérios em zonas calcárias e cársticas. O risco de contaminação das águas cársticas por cemitérios é evidente e mais difícil de resolver.

O **solo humoso**, produto da decomposição microbiana e química dos detritos orgânicos, é leve, fofo, de cor escura, negro ou acastanhado. Como higroscópico, apresenta-se úmido, com grande capacidade para reter água, tornando-o impróprio para o sepultamento. Misturado com terra seca compensa o defeito como ambiente de insalubridade.

Os sepultamentos nunca devem ser feitos em rocha dura, fraturada ou calcário cárstico por razões econômicas, ambientais e de saúde pública. Devem, sim, ocorrer em solo misto resultante da combinação dos elementos geológicos nas mais diversas percentagens, como, por exemplo, **areno-argiloso**, **argilo-arenoso** e **sílico-argiloso**. Esses solos relativamente permeáveis, médios em coesão e umidade, consomem de forma moderada os corpos enterrados e dificultam a saída dos produtos gasosos sem impedir a circulação do ar e das águas pluviométricas.

O que foi dito vale, principalmente, para sepultamentos na terra, isto é, em cova rasa, como ocorre na maioria de cemitérios públicos brasileiros.

CEMITÉRIOS DAS GRANDES CIDADES

Vimos que os antigos, por razões sanitárias, sepultavam os seus mortos fora das cidades, ao longo dos caminhos. Posteriormente, quase todos os enterros passaram a ser feitos no espaço das igrejas. A responsabilidade dos sepultamentos manteve-se a cargo da Igreja até o século XVIII. A partir desse século, mais uma vez, também por razões higiênicas e sanitárias, os mortos voltam a ser enterrados na periferia das cidades, em cemitérios campais, ao ar livre. Com essa medida, era natural que surgissem imposições determinando o afastamento de cemitérios das povoações. Seguem dois exemplos:

- Na França, foi Napoleão I que, por decreto de 23 da prairial (12-06-1804), começou por ordenar que os terrenos consagrados à inumação ficassem a pelo menos 35 ou 40 metros das igrejas e fora dos recintos dos burgos e cidades. No decreto de 7 de março de 1808, interditou a construção de habitações e a abertura de poços para captação de água subterrânea a menos de 100 metros de cemitérios.

- Em Portugal, por legislação datada de 1919, foi proibida a implantação de cemitérios a menos de 200 metros em relação à edificação de escolas primárias.

Com o tempo, o desenvolvimento e a expansão urbana acabaram por absorver os cemitérios implantados na periferia, que passaram a fazer parte integrante das cidades e municípios. Como consequência, as distâncias estabelecidas outrora entre necrópoles, edificações e outras construções foram abandonadas. Atualmente, em Portugal, cessaram as restrições quanto à localização de cemitérios em relação aos edifícios. Só no caso de a construção de cemitérios dar origem a reclamações, deve-se deixar um intervalo de 10 metros que estabeleça a separação com os edifícios existentes nas imediações. Esse espaço pode ser utilizado para quaisquer fins, desde que não se trate de edifícios. No caso de haver, no entorno dos terrenos escolhidos para implantação de cemitérios, fontes ou cursos de água que possam ser utilizados para abastecimento das populações, deverão ser observados os condicionamentos aconselhados para tal fim. (Nascimento & Trabulo, 2000)

Em Portugal, existe legislação relativa à demarcação dos Perímetros de Proteção de Captações de Águas Subterrâneas para o Abastecimento Público. Essa legislação estabelece que na zona de proteção imediata, definida entre os 20 e 40 metros, fica interditada qualquer atividade, nomeadamente a implantação de cemitérios. (Carvalho, 2001)

Nas grandes cidades, como a de São Paulo, com mais de 11 milhões de pessoas, uma altíssima densidade populacional, responsável por sérios problemas socioeconômicos e ambientais, a questão sobre cemitérios é difícil de resolver no que concerne à sua implantação e expansão. Numa área de 1.500 quilômetros quadrados existem 22 cemitérios públicos e 18 particulares, a maioria dos quais faz parte integrante do ambiente urbano paulistano. De acordo com o artigo 152 (Seção II – Cemitérios) do Código Sanitário de 1978 (Revisto e atualizado em 1990 – 4ª Edição, São Paulo, IMESP, 1991), os cemitérios deverão ser isolados em todo o seu perímetro, por logradouros públicos ou outras áreas abertas, com largura mínima de 15 metros, em zonas abastecidas por redes de água, e de 30 metros em zonas não providas de redes. A grande maioria dos cemitérios públicos surgiu antes da publicação do Código Sanitário, justificando algum descumprimento no que concerne ao conteúdo do artigo 152.

As distâncias mencionadas anteriormente (10 a 40 metros) podem ser suficientes para solos móveis, não consolidados. Mas devem estar sempre em função da geologia e hidrogeologia do meio onde se pretende instalar o cemitério e, também, da importância da necrópole e do número de sepultamentos.

Nos países em desenvolvimento, não é raro encontrar poços escavados no interior ou nas imediações de cemitérios. Nesse cenário, os poços no interior de necrópoles devem ser corretamente desativados (a água, aqui, está muitas vezes contaminada), enquanto, no exterior, os que estão implantados a menos de 30 a 35 metros devem estar de acordo com a geologia e hidrogeologia do meio. É preciso controlar a qualidade das águas de poços vizinhos de cemitérios, quer sejam tubulares ou escavados, como forma de prevenir uma eventual contaminação.

A localização de cemitérios no interior das cidades tem sido muito discutida ao longo dos tempos. Seus defensores dizem que os riscos de perigo para o ambiente e a saúde pública são mínimos ou inexistentes, desde que a implantação daquele tipo de construção se faça de forma adequada. Além disso, apresentam uma outra razão: a de que a localização de cemitérios a grandes distâncias, ou seja, fora da cidade, representa um transtorno para as populações, "designadamente no campo da salubridade com o transporte de cadáveres". (Lopes Dias,1963, p. 262)

Para os especialistas em gestão urbana e os ambientalistas, os novos cemitérios devem ser implantados fora dos limites das grandes cidades, em sua periferia, e os que existem devem ser transformados em parques urbanos. A região metropolitana de São Paulo possui um conjunto de cemitérios públicos e particulares, sendo que uns são exteriores às cidades, enquanto outros estão implantados no tecido urbano.

Hoje, nas grandes cidades, não existe espaço adequado para implantação de novos cemitérios horizontais nem para a ampliação dos já existentes, em razão de expansão urbana caótica e do custo dos terrenos. No caso do município de São Paulo, onde morrem anualmente cerca de 80 mil pessoas, falta espaço nos 22 cemitérios públicos, a maioria dos quais está sufocada por prédios no seu entorno. No que concerne ao cemitério de Vila Formosa, localizado na zona leste da cidade de São Paulo, o maior da América Latina, onde ocorrem, em média, cerca de 50 a 60 sepultamentos por dia, a sua manutenção passa pelo reuso das sepulturas, de forma a garantir os enterros destinados a essa necrópole. Esse reuso, por vezes, torna-se difícil quando os corpos sepultados não se decompõem no prazo previsto, por razões inerentes ou extrínsecas ao corpo. Em alguns cemitérios europeus, procura-se resolver o atraso da decomposição de corpos em cemitérios pelo uso de produtos ditos biológicos, feitos à base de complexos enzimáticos e da combinação de várias espécies bacterianas colocadas num suporte mineral, com ação biodegradante, utilizados com o objetivo de acelerar o processo de decomposição da matéria orgânica.

O crescimento das cidades que estrangulam os cemitérios, a falta de moradia e de lugar para enterrar os mortos, atualmente, são problemas inerentes às grandes metrópoles. A propósito, vale lembrar o primeiro cemitério do Cairo, no Egito, de 642 a.C., cujos jazigos servem de moradia para 120 mil famílias. Por que pessoas vivendo num cemitério, cuja ocupação começou há cerca de um século? Como os egípcios são enterrados com objetos pessoais, como ouro, os jazigos começaram a ser saqueados. Para evitar os roubos, os proprietários contrataram seguranças. Estes, não tendo onde viver, fizeram dos jazigos suas moradias e, naquele local, muitos constituíram suas famílias. (Carranca, 2010) Esse convívio pacífico entre vivos e mortos é consentido pelas autoridades sanitárias do Cairo, metrópole com 18 milhões de habitantes.

Ao se fazer o planejamento da ocupação e uso do espaço urbano há que se prever também a implantação de novos cemitérios, tanto imediatamente como a longo prazo, esquematizado segundo os múltiplos aspectos do desenvolvimento da vida urbana, seja sob o ponto de vista territorial, seja do ponto de vista humano. É uma prática urbanística que os planos diretores municipais devem considerar como forma de atender às necessidades das comunidades.

Um elemento muito importante na salubridade de cemitérios é a vegetação em seus limites periféricos e dentro deles, que pode funcionar como barreira de segurança ao remover alguns vírus e bactérias do solo, restringindo o seu movimento por meio do sistema radicular e diminuindo o seu transporte para o exterior das necrópoles pelo fluxo hidráulico subterrâneo. Os vegetais são elementos purificadores do solo e subsolo de cemitérios, saneiam efetivamente a terra, a água e a atmosfera.

Como obra urbanística que os cemitérios são, compete ao arquiteto como interveniente na elaboração ou execução do projeto escolher a vegetação adequada, visto esta ser fundamental em termos de arquitetura e salubridade.

LICENCIAMENTO AMBIENTAL

CEMITÉRIOS

O Licenciamento Ambiental é um dos instrumentos da Política Nacional do Meio Ambiente, instituído no Brasil pela Lei nº 6.938, de 31 de agosto de 1981. Nos termos do artigo 10 desta lei:

> A construção, instalação e funcionamento de atividades utilizadoras de recursos ambientais, considerados efetiva ou potencialmente poluidores, bem como os capazes, sob qualquer forma, de causar degradação ambiental, dependerão de prévio licenciamento do órgão estadual competente.

Nos termos do artigo 1º, inciso I, da Resolução Conama (Conselho Nacional do Meio Ambiente) nº 237, de 19/12/97, o licenciamento ambiental consiste no:

> procedimento administrativo pelo qual o órgão ambiental competente licencia a localização, instalação, ampliação e a operação de empreendimentos e atividades utilizadoras de recursos ambientais, consideradas efetiva ou potencialmente poluidoras ou daquelas que, sob qualquer forma, possam causar degradação ambiental, considerando as disposições legais e regulamentares e as normas técnicas aplicáveis ao caso.

No que concerne às atividades utilizadoras de recursos ambientais, a Lei nº 6.938/81 relacionou tais recursos no artigo 3º, inciso V, como sendo a "atmosfera, as águas interiores, superficiais, subterrâneas, estuários, mar territorial, solo, subsolo, elementos da biosfera, fauna e flora". (Granziera, 2001, p. 204) Com a Resolução Conama nº 335, de 03 de abril de 2003, surgiram regras que passaram a disciplinar a implantação de cemitérios horizontais e verticais no Brasil, em face do risco potencial de contaminação que esse tipo de construção representa ao ambiente e à saúde pública. Com a publicação dessa resolução, os cemitérios devem ser submetidos ao processo de Licenciamento Ambiental.

Quanto ao plano de implantação e operação do empreendimento, destaque-se a proibição de cemitérios em Áreas de Preservação Permanente ou em outras que exijam desmatamento da Mata Atlântica ou secundária, em estágio médio ou avançado de regeneração; em áreas de manancial para abastecimento humano; em terrenos predominantemente cársticos, que apresentam cavernas, sumidouros ou rios subterrâneos.

Posteriormente, a Resolução Conama nº 368, de 28 de março de 2006, modificou, na Resolução nº 335/2003, o artigo que proibia a construção de cemitérios em áreas de manancial para abastecimento humano, de modo a permitir que os municípios inseridos nessas áreas, e sem espaço para implantação de novos cemitérios, possam construir ali as suas novas necrópoles. Estas devem atender a incisos para garantir que não haverá contaminação de áreas de preservação.

A propósito, em dezembro de 2005, o município de Biritiba-Mirim, a 80 quilômetros de São Paulo, ficou conhecido em todo o Brasil por um projeto de lei municipal que "proibia" as pessoas de morrerem. Foi a forma irônica de o prefeito da época chamar a atenção para o principal problema local: o único cemitério da cidade estava superlotado e o Conama não permitia a construção de outro no pequeno município com 89% do seu território em área de manancial e 11% em Mata Atlântica.

Cabe aos estados e municípios a responsabilidade pela emissão de licença ambiental para instalação e operação de cemitérios, devendo o órgão licenciador ditar as diretrizes ambientais a partir daquelas estabelecidas na Resolução Conama nº 335/2003 e na Resolução Conama nº 368/2006.

Os cemitérios já instalados e anteriores a 2003 que estivessem em desacordo com algumas diretrizes ambientais, estabelecidas por força da Resolução Conama nº 402, de 17 de novembro de 2008 (que altera os artigos 11 e 12 da Resolução Conama nº 335/2003), deveriam se adequar ambientalmente por meio de procedimentos a serem estabelecidos, até dezembro de 2010, pelos órgãos ambientais estaduais e municipais.

CONCLUSÃO

O cemitério é um dos elementos indispensáveis a qualquer aglomerado populacional, quer seja em áreas urbanas ou em pequenos lugares. Na atualidade, a sua construção constitui um problema de grande importância, vastidão e complexidade, porque tem de satisfazer e solucionar questões inerentes à localização, ou seja, problemas relativos ao ambiente físico e urbano, à salubridade, à arquitetura (estética, simetria e equilíbrio de todas as partes em conjunto), ao paisagismo, entre outros.

O cemitério, qualquer que seja seu tipo (horizontal ou vertical), constitui um verdadeiro serviço público que tem de ser implantado e operado adequadamente de modo a atingir a sua finalidade, que é garantir a decomposição normal do corpo e aspectos respeitantes à urbanização e à salubridade.

Quanto a esta, o professor Ricardo Jorge, eminente sanitarista português, já citado, dizia que "nada se deve poupar para se atingir o melhor grau das condições salubres", e outro tanto se aplica ao meio ambiente.

Cabe aos órgãos ambientais e de saúde pública exigir e fiscalizar a aplicação das regras, em especial, na defesa das condições de implantação e salubridade de cemitérios e do meio ambiente.

Cabe acrescentar que o risco de contaminação da água subterrânea por cemitérios começou a gerar preocupações à Organização Mundial da Saúde (OMS, 1998) quando, por meio da sua regional europeia, sediada em Copenhague, na Dinamarca, solicitou ao Gabinete de Projetos de Nancy uma rápida pesquisa do estado atual (naquela data) do conhecimento sobre a contaminação do solo e da água subterrânea por necrópoles. Como não foi encontrada na literatura específica menção a doenças de caráter epidêmico ou generalizadas e face a dúvidas resultantes da escassez de dados, a OMS enfatizou a necessidade de mais pesquisas sobre o assunto.

BIBLIOGRAFIA

ADIÓS – Revista de Empresas. nº 51, "Ahora si, un diamante es para siempre". *Revista de Empresas*, Editora EMSFM, Espanha, ano 10, março-abril, 2005.

ARIÈS, P. *História da morte no Ocidente.* Rio de Janeiro/São Paulo: Ediouro Publicações S.A., 2002.

______. *O homem perante a morte I e II.* Lisboa: Publicações Europa-América, 1977.

ASSOCIAÇÃO BRASILEIRA DE ÁGUAS SUBTERRÂNEAS. "Contaminações colocam em risco a saúde pública". Em *Revista águas subterrâneas* (Produção própria), ano 2, nº 11, ago/set, 2009. São Paulo.

BAYARD, J. P. *Le Sens Caché des Rites Mortuaires.* França: Editions Dangles, 1993.

BOWER, H. *Ground Water Hydrology.* Nova York: McGrow Hill, 1978.

BRASIL. Lei nº 6.938 de 02 de setembro de 1981. Dispõe sobre a política nacional do meio ambiente, seus fins e mecanismos de formulação e aplicação, e da outras providências. Diário Oficial da União, Brasília, DF, 02-9-1981.

CARRANCA, A. "Cidade dos mortos no Egito". *O Estado de S. Paulo,* C6, Cidades/Metrópole, São Paulo, 31-1-2010.

CARVALHO, J. M. "Perímetros de Proteção a Captações de Águas Subterrâneas para Abastecimento Público". Em *Avaliação dos riscos de contaminação das águas subterrâneas por cemitérios – Casos de estudo.* Dissertação de Mestrado de Luísa de Fátima S.P. Rodrigues. Faculdade de Ciências da Universidade do Porto, Porto: Editora Portugal 2002.

CATROGA, F. "Revolução e secularização dos cemitérios em Portugal". Em *Cemitérios de Lisboa: Entre o real e o imaginário.* Lisboa: Câmara Municipal de Lisboa, 1993.

CHARDOILET, R. *Les cimitières sont ils des foyers d'infection?.* Paris, 1881.

CONSELHO NACIONAL DO MEIO AMBIENTE. *Resolução CONAMA nº 237* de 19 de dezembro de 1997. Regulamenta os aspectos de licenciamento ambiental estabelecidos na Política Nacional do Meio Ambiente. Diário Oficial da União, nº 247, Brasília: DF, 22-12-1997.

______. *Resolução CONAMA nº 335* de 03 de abril de 2003. Dispõe sobre o licenciamento ambiental de cemitérios. Diário Oficial da União, nº 101, Brasília, DF, 28-5-2003.

______. *Resolução CONAMA nº 368* de 28 de março de 2006. Altera dispositivos da Resolução Nº 335, de 3 de abril de 2003, que dispõe sobre o licenciamento ambiental de cemitérios. Diário Oficial da União, nº 061, Brasília, DF, 29-3-2006.

______. *Resolução CONAMA nº 402* de 17 de novembro de 2008. Altera os artigos 11 e 12 da Resolução nº 335, de 3 de abril de 2003. Diário Oficial da União, nº 224, Brasília, DF, 18-11-2008.

COOK, J. *Dead in water.* 1999. Disponível em www.motherjones.com/motherjones/JF99/Cook.html Acessado em: 15/04/2012.

CRESPO, J. *A história do corpo.* Lisboa: Difel, 1990.

DEFOE, D. *Um Diário do Ano da Peste.* Porto Alegre: Artes e Ofícios, 2002.

DE LA CUESTA, J. M. R. Informe solicitado por NEMOSA. Comunicação pessoal não publicada. Madri, 1986. Em *Avaliação dos riscos de contaminação das águas subterrâneas por cemitérios – Casos de estudo.* Dissertação de mestrado de Luísa de Fátima S. P. Rodrigues, Faculdade de Ciências da Universidade do Porto. Porto: Editora Portugal, 2002.

DEL PRIORE, M. *O mal sobre a terra.* Rio de Janeiro: Topbooks, 2003.

DENT, B.B. & KNIGHT, M. J. *Cemeteries: A special kind of landfill. The context of their sustainable management.* Proceedings of Conference, IAH Groundwater Sustainable Solutions, Melbourne 8-13 February., International Association of Hydrogeologists Melbourne,1998.

DIAS, V. M. *Cemitérios – Jazigos e sepulturas.* Monografia. Coimbra: Coimbra Editora, 1963.

DIREITO MORTUÁRIO. Execução Gráfica J.Serrano. Lisboa: Dislivro, s/d.

DOREA, L. E. *Fenômenos cadavéricos.* Porto Alegre: DC. Luzzatto, 1995.

FERREIRA, A. "O cemitério enquanto espaço urbano". Em *Arquitectura e vida.* Lisboa, 2002.

FILHO, C. B. "A gripe espanhola em São Paulo". Em *Revista Ciência Hoje.* Rio de Janeiro. v.10, nº 58, outubro de 1989.

FISHER, G. J. & CROUKAMP, L. *Ground Water Contamination And Its Consequences Resulting From The Indiscriminate Placing Of Cemeteries In The Third World Context.* Conference Africa Needs Groundwater. Joanesburgo: Universidade de Witwatersrand, 1993.

FLORES, F. M. *Cemitérios de Lisboa: Entre o real e o imaginário.* Lisboa: Câmara Municipal de Lisboa, 1993.

FRANÇA, G. V. *Medicina Legal*. Rio de Janeiro: Editora Guanabara Koogan, 1985.

HOWART, G. "Decomposição". Em HOWART, G. & LEAMAN, O. *Enciclopédia da Morte e da Arte de Morrer*. Lisboa: Quimera, 2004.

GRANZIERA, M. L. M. *Direito das águas*. São Paulo: Editora Atlas, 2001.

GUIMARÃES, J. "Poluição agrava a escassez de água". Em *Bio-Revista Brasileira de Saneamento e Meio Ambiente*. Ano XVII, nº 52, julho/setembro, 2009.

IMPRENSA YTUANA. Notícia sobre cemitério público de 16-11-1870. Em *Jornal de ITU Hontem*, ano V, edição mensal n.59, Itu, dezembro de 2002.

IRITANI, M. A. & EZAKI, S. *As águas subterrâneas do Estado de São Paulo*. São Paulo: Governo do Estado de São Paulo/Secretaria do Meio Ambiente/Instituto Geológico, 2009.

JUPP, P. C. "História da Cremação". Em HOWART, G. & LEAMAN, O. "Decomposição". Em *Enciclopédia da Morte e da Arte de Morrer*. Lisboa: Quimera, 2004.

LOPES DIAS, V. M. *Cemitérios, jazigos e sepulturas*. Monografia. Coimbra Editora, 1963.

MARTINS, T., PELLIZARI, V. H., PACHECO, A., MYAKI, D. M., ADAMS, BOSSOLAN, N. R. S., C., MENDES, J. M. B., HASSUDA, S. "Qualidade bacteriológica de águas subterrâneas em cemitérios". Em *Revista Saúde Pública*, 25 (1), São Paulo, 1991.

MASSET, C. "La Mort Aux Périodes Préhistoriques (-1000 à 750)". Em *Archéologie funéraire*. Paris: Editions Errance, 2007.

MATOS, B. A. *Avaliação da ocorrência e transporte de microorganismos no aquífero freático do Cemitério de Vila Nova Cachoeirinha, Município de São Paulo*. Tese de Doutoramento. São Paulo: IGc/USP, 2001.

MEIRELES, C. "História Quase Macabra". Em *O que se diz e o que se entende*. Rio de Janeiro: Editora Nova Fronteira, 1980,.

MILARÉ, E. "Cemitério e meio ambiente". Em *Revista de Direito Ambiental*. São Paulo, Editora Revista dos Tribunais Ltda, ano 3, junho de 1998.

MORIN, E. *O homem perante a morte*. Lisboa: Publicações Europa-América, 1970.

MUMFORD, L. *A cidade na história*. São Paulo: Martins Fontes, 1991.

PACHECO, A., MENDES, J. M. B., MARTINS, T., HASSUDA, S. & KIMMELMANN, A. A. "Cemeteries - A Potential Risk to Groundwater". Em *Water and Science Technology*. Great Britain, vol. 24, nº 11, 1991.

NASCIMENTO, E. & TRABULO, M. *Cemitérios – Ordenamentos e questões jurídicas*. Coimbra: Almedina, 2000.

PERSON, J. *Interventions réglémentaires du géologue agréé en vue de la protection des eaux destinées à l'alimentation humaine*. França: Documentos do BRGM, 1979.

PRINGLE, H. *O mundo das múmias*. Rio de Janeiro: Ediouro, 2002.

RAGON, M. *L'espace de la mort*. Paris: Editions Albin Michel, 1981.

REINACH, F. "As cidades e o cólera: estratégia contra a doença". Em *O Estado de S. Paulo*, 28-8-2008.

REIS, J. J. *A morte é uma festa*. São Paulo: Companhia das Letras, 1991.

RIBEIRO, A. *O romance de Camilo*. Lisboa: Livraria Bertrand, vol. 1, 1961.

ROACH, M. *A vida misteriosa dos cadáveres*. Portugal: A Esfera dos Livros, 2003.

RODRIGUES, L. *Avaliação dos riscos de contaminação das águas subterrâneas por cemitérios – Casos de estudo*. Dissertação de Mestrado, Faculdade de Ciências da Universidade do Porto: Editora Portugal, 2002.

RODRIGUES, L. & PACHECO, A. "Riscos de contaminação dos recursos hídricos decorrentes da implantação de cemitérios". Em *Reabilitação e Utilização da Rede Hidrográfica*. Revista da Associação Portuguesa de Recursos Hídricos, Núcleo do Norte, Porto, maio de 2010.

ROMANINI, V. "Vida e morte na esperança". Em *A Casa Imaginária*. ECA-USP, 1990.

ROMERO, J. C. "The movement of bacteria and viruses through porous media". *Ground Water*, vol. 8, nº 2, Wiley,Chicago, 1970.

SAINT-EXUPÉRY, A. *O Pequeno Príncipe*. Rio de Janeiro: Editora Agir, 1973.

SECRETARIA DA SAÚDE DE SÃO PAULO. *Código sanitário: decreto nº. 12.342*, de setembro de 1978. São Paulo: Edipro, 1997.

SIMÕES FERREIRA, J. M. *Arquitetura para a morte*. Lisboa: Fundação Calouste Gulbenkian, Fundação para a Ciência e Tecnologia, M.C.T.E.S., 2009.

SOUZA VAZ, F. *Memória sobre a inconveniência dos enterros nas Igrejas e utilidade da construção de cemitérios*. Porto, 1835.

SPONBERG, A. L. &, BECKS, P. M. Becks. "Inorganic soil contamination from cemetery leachat". Em *Water, Air and Soil Pollution*, 2000.

TOURNIER, M. *Gaspard, Melchior & Balthasar*. Editions Gallimard, 1980.

UJVARI, S. C. *A história e suas epidemias*. Editora Senac Rio e Editora Senac São Paulo, 2003.

URBAIN, J. D. *L'archipel des morts*. França: Petite Bibliothéque Payot, 1998.

VAN HAAREN, F. W. "Cemeteries as sources of groundwater contamination". Em *Water*. 35 (16), 1951.

VANRELL, J. P. *Manual de Medicina Legal*. São Paulo: Editora Mizuno, 2007.

WILLIAMS, M. J.; KONEFFES, J, "Environnmental concerns of older burial sites". Em *The American Cemetery*, Chicago: Feb. 1992.

YOSHINAGA, S., HASSUDA, S., IRITANI, M. A., et al. *Definição e análise de critérios seletivos para a viabilização de áreas potenciais à implantação de cemitérios no Município de Águas de Lindóia*. IG-Secretaria do Meio Ambiente e IPT. São Paulo: 1996.

SOBRE O AUTOR

Alberto Pacheco é graduado em geologia pela Faculdade de Ciências da Universidade de Lisboa (Portugal). Tem o título de doutor e livre docente pelo Instituto de Geociências (IGc) da Universidade de São Paulo (USP), onde é professor associado aposentado. É pesquisador do Centro de Pesquisa de Águas Subterrâneas (CEPAS), do IGc/USP. Foi bolsista do Conselho Nacional de Desenvolvimento Científico e Tecnológico (CNPq), é assessor científico da Fundação de Amparo à Pesquisa do Estado de São Paulo (Fapesp) e coordenador de pesquisas desenvolvidas com apoio financeiro dessa Fundação.

Áreas de interesse: meio ambiente e cemitérios, hidrogeologia de contaminação, geologia ambiental, saneamento ambiental e arqueologia.